概率论与数理统计应用案例分析

主　编　徐小平

副主编　郭　高　肖燕婷　陈娟娟

科学出版社

北　京

内 容 简 介

本书适应课程教学改革的要求，将概率论与数理统计的理论体系与应用紧密结合，以实际案例说明概率论与数理统计在生活中的应用. 全书共 8 章，主要介绍事件及其概率、离散型随机变量、连续型随机变量、大数定律与中心极限定理、参数估计、假设检验、回归分析和方差分析等的应用案例. 书中精选的案例具有一定的启发性，有利于进一步掌握概率论与数理统计的基本理论和方法.

本书可供高等院校理工科各专业及经济管理有关专业的大学生作为教材或参考书使用，也可供相关科技工作者学习和参考.

图书在版编目(CIP)数据

概率论与数理统计应用案例分析/徐小平主编. —北京：科学出版社，2019.10
ISBN 978-7-03-062669-1

Ⅰ. ①概…　Ⅱ. ①徐…　Ⅲ. ①概率论②数理统计　Ⅳ. ①O21

中国版本图书馆 CIP 数据核字(2019) 第 233568 号

责任编辑：宋无汗　李　萍 / 责任校对：郭瑞芝
责任印制：张　伟 / 封面设计：陈　敬

科学出版社出版
北京东黄城根北街 16 号
邮政编码：100717
http://www.sciencep.com
北京厚诚则铭印刷科技有限公司印刷
科学出版社发行　各地新华书店经销
*
2019 年 10 月第　一　版　开本：720 × 1000　1/16
2024 年 6 月第五次印刷　印张：12 3/4
字数：257 000

定价：95.00 元

(如有印装质量问题，我社负责调换)

前　言

随机现象的普遍性, 使得概率论与数理统计在工程技术、科学研究、经济管理、企业管理、人文社科等众多领域有广泛应用. 近年来, 概率论与数理统计的理论与方法已向各个学科渗透, 并由此产生了许多新的交叉学科, 如生物统计、医学统计和商业统计等. 另外, 概率论与数理统计也是许多学科的基础, 如电子科学与技术等. 因此, 概率论与数理统计课程已成为高等院校理工科各专业和经济管理有关专业学生的一门重要的必修课程.

通过对概率论与数理统计的学习, 初步掌握研究随机现象的基本思想与方法, 能够提高分析和解决问题的能力. 现有概率论与数理统计教材, 大多重理论轻应用. 为了调动学习积极性, 提高学习效率, 本书通过案例引出概率论与数理统计的基本概念、理论和方法, 侧重应用, 有助于读者深刻理解知识点, 掌握概率论与数理统计方法在经济学、管理学及其他学科中的重要应用, 使得相关理论知识更有针对性. 同时, 让读者在学习的过程中体会学有所用, 达到自主学习的目的, 也有利于培养创新意识和独立思考的能力.

参加编写本书的作者一直从事概率论与数理统计的教学和科研工作, 在编写过程中, 力求做到通俗易懂、循序渐进、难点分散、深入浅出、思路清晰, 在内容上充分考虑实用性、科学性、先进性和前沿性, 尽量将理论和实践很好地进行结合.

本书第 1 章和第 4 章由徐小平完成, 第 2 章和第 3 章由郭高完成, 第 5 章和第 6 章由陈娟娟完成, 第 7 章和第 8 章由肖燕婷完成. 在编写过程中, 得到秦新强教授、戴芳教授等的大力支持, 特别得到了秦新强教授主持的陕西省教学研究项目和陕西省教学名师工作室的大力支持, 概率论与数理统计教学团队的主讲老师对本书的编写也提出了不少宝贵意见, 编者在此一并表示感谢!

由于编者水平有限, 书中不足之处在所难免, 真诚欢迎读者提出宝贵意见.

目　　录

第 1 章　事件及其概率

随着社会的发展和科学技术的进步, 概率论与数理统计在人们的生活中发挥着越来越重要的作用, 并由此产生了许多新的交叉学科. 事件与概率是概率论中两个最重要、最基本的概念. 本章主要涉及事件及其概率的内容, 首先介绍事件及其概率的基本理论, 然后介绍事件及其概率在实际生活中的应用案例.

1.1　事件及其概率理论简介

1.1.1　事件

1. 随机试验

定义 1.1　满足下列三个条件的试验称为随机试验:

(1) 可以在相同条件下重复进行;

(2) 每次试验的可能结果不止一个, 并且能够事先明确知道试验的所有可能结果;

(3) 试验前不能预知哪一个结果会出现.

定义 1.2　将随机试验的所有可能结果组成的集合称为该试验的样本空间, 记为 Ω. 样本空间的元素, 即随机试验的每个结果, 称为样本点.

2. 事件的基本概念

定义 1.3　在随机试验中, 可能发生、也可能不发生的事件称为随机事件, 简称为事件. 在随机试验中, 必然会发生的事件称为必然事件, 且由于必然事件包含了样本空间中的所有元素, 因此必然事件仍记为 Ω; 必然不会发生的事件称为不可能事件, 记为 Φ.

事件具有如下的关系和运算.

(1) 事件的包含: 如果事件 A 发生必然导致事件 B 发生, 则称事件 B 包含事件 A, 记作 $A \subset B$.

(2) 事件的相等：如果 $A \subset B$ 且 $B \subset A$, 则称事件 A 与事件 B 相等, 记为 $A = B$, 即事件 A 与事件 B 表示同一事件.

(3) 和事件：事件 A 与事件 B 中至少有一个发生的事件称为事件 A 与事件 B 的和事件, 记作 $A + B$ (或 $A \bigcup B$). 类似地, 称 $\bigcup\limits_{i=1}^{n} A_i = A_1 + A_2 + \cdots + A_n$ 为 n 个事件 A_1, $A_2, \cdots, A_n$ 的和事件, 称 $\bigcup\limits_{i=1}^{\infty} A_i$ 为可列无穷多个事件 A_1, $A_2, \cdots, A_i, \cdots$ 的和事件.

(4) 积事件：事件 A 与事件 B 同时发生的事件, 称为事件 A 与事件 B 的积事件, 记为 AB(或 $A \bigcap B$). 类似地, 称 $\bigcap\limits_{i=1}^{n} A_i = A_1A_2 \cdots A_n$ 为 n 个事件 A_1, $A_2, \cdots$, A_n 的积事件, 称 $\bigcap\limits_{i=1}^{\infty} A_i = A_1A_2 \cdots A_i \cdots$ 为可列无穷多个事件 A_1, $A_2, \cdots$, $A_i, \cdots$ 的积事件.

(5) 差事件：事件 A 发生而事件 B 不发生的事件称为事件 A 与事件 B 的差事件, 记作 $A - B$.

(6) 互不相容的事件：如果事件 A 与事件 B 不可能同时发生, 即 $AB = \varPhi$, 则称事件 A 与事件 B 是互不相容的事件, 或称互斥的事件.

(7) 对立事件：如果事件 A 与事件 B 中至少一个发生, 且仅有一个发生, 即 $A + B = \varOmega$, 且 $AB = \varPhi$, 则称事件 A 与事件 B 互为对立事件, 又称事件 A 与事件 B 为互逆事件. 事件 A 的对立事件记作 $\overline{A}$.

1.1.2　事件的概率

1. 概率的定义与性质

定义 1.4　在条件不变的情况下, 重复做 n 次随机试验, 事件 A 发生的频数为 μ. 如果当 n 很大时, 频率 $\dfrac{\mu}{n}$ 稳定地在某一常数值 p 附近摆动, 且 n 越大, 摆动的幅度越小, 则把事件 A 的频率的稳定值 p 称为事件 A 发生的概率, 记为 $P(A) = p$, 并且具有下列性质:

(1) $0 \leqslant P(A) \leqslant 1$; $P(\varOmega) = 1$; $P(\varPhi) = 0$.

(2) 若 $AB = \varPhi$, 则 $P(A + B) = P(A) + P(B)$.

(3) $P(\overline{A}) = 1 - P(A)$.

(4) 若 $A \subset B$, 则有 $P(B - A) = P(B) - P(A)$.

(5)(加法公式) 对于任意两个事件 A, B, 有

$$P(A + B) = P(A) + P(B) - P(AB)$$

2. 古典概型

定义 1.5 具备下列两个特点的随机试验的数学模型称为古典概型或等可能概率模型:

(1) 试验的样本空间只含有有限个样本点 n;

(2) 由于某种对称性, 在每次试验中, 每一个基本事件发生的可能性相同, 即每一个基本事件发生的概率相等.

对于试验中出现的任一事件 A, 设 A 包含 m 个基本事件: $E_{i_1}, E_{i_2}, \cdots, E_{i_m}$, 且这些基本事件是两两互不相容的, 从而有

$$P(A)=\frac{m}{n}=\frac{A\text{ 包含基本事件个数}}{\Omega\text{ 包含基本事件总数}} \tag{1.1}$$

3. 几何概型

定义 1.6 如果随机试验的样本空间 Ω 为欧氏空间中的一个区域, 且每个样本点的出现具有等可能性, 则称此试验为几何概型.

对于几何概型, 事件 A 的概率有下列计算公式:

$$P(A)=\frac{A\text{ 的测度 (长度, 面积, 体积)}}{\Omega\text{ 的测度 (长度, 面积, 体积)}} \tag{1.2}$$

1.1.3 条件概率与乘法公式

1. 条件概率

定义 1.7 设 A, B 是随机试验的两个事件, 且 $P(A)>0$, 则称

$$P(B|A)=\frac{P(AB)}{P(A)} \tag{1.3}$$

为在事件 A 发生的条件下事件 B 发生的条件概率.

2. 乘法公式

定理 1.1 设 $P(A)>0$, 则有

$$P(AB)=P(A)P(B|A) \tag{1.4}$$

同样地, 设 $P(B)>0$, 则有

$$P(AB)=P(B)P(A|B) \tag{1.5}$$

式 (1.4) 和式 (1.5) 称为概率的乘法公式.

3. 全概率公式与贝叶斯公式

定义 1.8　若事件组 $A_1, A_2, \cdots, A_n$ 满足

(1) $A_1 \bigcup A_2 \bigcup \cdots \bigcup A_n = \Omega$;

(2) $A_i A_j = \Phi, i \neq j, i, j = 1, 2, \cdots, n$.

则称事件组 $A_1, A_2, \cdots, A_n$ 为完备事件组.

定理 1.2　设事件组 $A_1, A_2, \cdots, A_n$ 是一个完备事件组, 且 $P(A_i) > 0, i = 1, 2, \cdots, n$, 则对任一事件 $B \subset A_1 + A_2 + \cdots + A_n$, 有

$$P(B) = \sum_{i=1}^{n} P(A_i) P(B|A_i) \tag{1.6}$$

式 (1.6) 称为全概率公式.

定理 1.3　设事件组 $A_1, A_2, \cdots, A_n$ 是一个完备事件组, 事件 $B \subset A_1 + A_2 + \cdots + A_n$, 且 $P(A_i) > 0, i = 1, 2, \cdots, n, P(B) > 0$, 则有

$$P(A_i|B) = \frac{P(A_i) P(B|A_i)}{\sum_{j=1}^{n} P(A_j) P(B|A_j)} \tag{1.7}$$

式 (1.7) 称为贝叶斯公式.

1.1.4　独立性

1. 独立性的定义

定义 1.9　设 A 和 B 是两个事件, 若

$$P(AB) = P(A)P(B) \tag{1.8}$$

则称事件 A 和 B 相互独立, 简称 A、B 独立.

定理 1.4　设有两个事件 A 和 B, 且 $P(B) > 0$, 若 A 和 B 相互独立, 则 $P(A|B) = P(A)$, 反之亦然.

2. 伯努利概型

定义 1.10　如果试验的结果只有两个: A 和 $\overline{A}$, 则称此试验为伯努利试验.

定义 1.11　如果伯努利试验满足

(1) 试验是在同样的条件下重复进行 n 次;

(2) 各次试验是相互独立的;

(3) 每次试验只有两个相互对立的结果 A 和 $\overline{A}$, 且 $P(A)=p$, $P(\overline{A})=q$, $p>0$, $q+p=1$.

这样的试验模型被称为 n 重伯努利概型, 简称为伯努利概型.

定理 1.5 设每次试验中, 事件 A 发生的概率都为 $p(0<p<1)$, 则在 n 次独立重复试验中, "事件 A 发生 k 次" 的概率为

$$P_n(k)=\mathrm{C}_n^k p^k(1-p)^{n-k} \tag{1.9}$$

其中, $k=0,1,2,\cdots,n$.

1.2 应用案例分析

1.2.1 彩票问题

例 1.1 以 "36 选 6+1" 的彩票为例, 其具体方案为: 先从 01 ~ 36 个号码球中分别摇出 6 个基本号码, 再从剩下的 30 个号码球中摇出一个特别号码; 从 01 ~ 36 个号码球中任选 7 个组成一注 (不可重复), 根据单注号码与中奖号码相符的个数来确定相应的中奖等级, 不考虑号码顺序, 这两种方案的中奖等级如表 1.1 所示 (表中 • 为选中的基本号码, ◆ 为选中的特别号码, ○ 为未选中的号码). 试求每种情形下的中奖概率.

表 1.1 中奖等级

中奖等级	36 选 6 + 1		
	基本号码	特别号码	说明
一等奖	••••••	◆	选 7 中 (6+1)
二等奖	••••••	—	选 7 中 (6)
三等奖	•••••○	◆	选 7 中 (5+1)
四等奖	•••••○	—	选 7 中 (5)
五等奖	••••○○	◆	选 7 中 (4+1)
六等级	••••○○	—	选 7 中 (4)
七等奖	•••○○○	◆	选 7 中 (3+1)

解 可利用古典概型来计算每个中奖等级的中奖概率, 以一注为单位, 计算每注彩票的中奖概率.

基本事件总数: 从 36 个数中任取 7 个, 不考虑顺序, 共有 $n=\mathrm{C}_{36}^7$ 种取法.

一等奖：7 个号码全中，只有一种可能，故获一等奖的基本事件数 $k_1 = 1$. 从而中一等奖的概率 P_1 为

$$P_1 = \frac{k_1}{n} = \frac{1}{\mathrm{C}_{37}^7} \approx 1.1979 \times 10^{-7}$$

二等奖：6 个基本号码全中，特别号码未中，故获二等奖的基本事件数 $k_2 = \mathrm{C}_6^6\mathrm{C}_{29}^1$. 从而中二等奖的概率 P_2 为

$$P_2 = \frac{k_2}{n} = \frac{\mathrm{C}_6^6\mathrm{C}_{29}^1}{\mathrm{C}_{37}^7} \approx 3.4739 \times 10^{-6}$$

三等奖：6 个基本号码中 5 个，特别号码中了，故获三等奖的基本事件数 $k_3 = \mathrm{C}_6^5\mathrm{C}_{29}^1\mathrm{C}_1^1$. 从而中三等奖的概率 P_3 为

$$P_3 = \frac{k_3}{n} = \frac{\mathrm{C}_6^5\mathrm{C}_{29}^1\mathrm{C}_1^1}{\mathrm{C}_{37}^7} \approx 2.0843 \times 10^{-5}$$

四等奖：6 个基本号码中 5 个，特别号码未中，故获四等奖的基本事件数 $k_4 = \mathrm{C}_6^5\mathrm{C}_{29}^2$. 从而中四等奖的概率 P_4 为

$$P_4 = \frac{k_4}{n} = \frac{\mathrm{C}_6^5\mathrm{C}_{29}^2}{\mathrm{C}_{37}^7} \approx 2.9182 \times 10^{-4}$$

五等奖：6 个基本号码中 4 个，特别号码中了，故获五等奖的基本事件数 $k_5 = \mathrm{C}_6^4\mathrm{C}_{29}^2\mathrm{C}_1^1$. 从而中五等奖的概率 P_5 为

$$P_5 = \frac{k_5}{n} = \frac{\mathrm{C}_6^4\mathrm{C}_{29}^2\mathrm{C}_1^1}{\mathrm{C}_{37}^7} \approx 7.2954 \times 10^{-4}$$

六等奖：6 个基本号码中 4 个，特别号码未中，故获六等奖的基本事件数 $k_4 = \mathrm{C}_6^4\mathrm{C}_{29}^3$. 从而中六等奖的概率 P_6 为

$$P_6 = \frac{k_6}{n} = \frac{\mathrm{C}_6^4\mathrm{C}_{29}^3}{\mathrm{C}_{37}^7} \approx 6.5659 \times 10^{-3}$$

七等奖：6 个基本号码中 3 个，特别号码中了，故获七等奖的基本事件数 $k_7 = \mathrm{C}_6^3\mathrm{C}_{29}^3\mathrm{C}_1^1$. 从而中七等奖的概率 P_7 为

$$P_7 = \frac{k_7}{n} = \frac{\mathrm{C}_6^3\mathrm{C}_{29}^3\mathrm{C}_1^1}{\mathrm{C}_{37}^7} \approx 8.7545 \times 10^{-3}$$

由以上计算结果可以发现：中一等奖的概率极低.

1.2.2 试题库容量问题

例 1.2 某高校的概率论与数理统计课程考试需要建试题库, 要求利用试题库随机组卷 N 套, 每套有 k 小题, 并且每两套试题的重复度控制在 σ 以内. 试问该试题库中至少应有多少道题目.

解 假设有 n 个数 $1,2,\cdots,n$, 从中每次抽取 k 个数构成一组, 共抽取 N 次, 问: 当 n 至少等于多少时, 每两组数据中相同数的个数在 $[k\sigma]$ 个以下, 其中 $[k\sigma]$ 表示 $k\sigma$ 的整数部分.

在这种情况下, 一般无法保证每两组数据的重复度都在 σ 以内. 但是, 在实际问题中, 不妨这样考虑: 如果使得重复度大于 σ 的数据组数占总数据组数的概率很小时即可达到要求, 那么就可以估算出 n 的最小值. 下面计算每两组数据重复度大于 σ 的概率. 重复度大于 σ 的数据组可以分以下情况进行讨论:

若两组数据中相同数的个数为 $[k\sigma]+1$, 其余 $k-[k\sigma]-1$ 个数均不相同, 此时, 可以看作从第一组数据中的 k 个数中抽取 $[k\sigma]+1$ 个, 其余从剩余的 $n-k$ 个数中抽取, 数据组数共为 $\mathrm{C}_k^{[k\sigma]+1}\mathrm{C}_{n-k}^{k-[k\sigma]-1}$.

若两组数据中相同数的个数为 $[k\sigma]+2$, 其余 $k-[k\sigma]-2$ 个数均不相同, 此时, 可以看作从第一组数据中的 k 个数中抽取 $[k\sigma]+2$ 个, 其余从剩余的 $n-k$ 个数中抽取, 数据组数共为 $\mathrm{C}_k^{[k\sigma]+2}\mathrm{C}_{n-k}^{k-[k\sigma]-2}$.

依次类推, 若两组数据中相同数的个数为 k, 此时, 可以看作从第一组数据中的 k 个数中抽取 k 个数, 数据组数共为 $\mathrm{C}_k^k\mathrm{C}_{n-k}^0$.

综上所述, 就可以利用古典概型计算出: 每两组数据的重复度大于 σ 的概率 P 为

$$P=\frac{1}{\mathrm{C}_n^k}\sum_{i=[k\sigma]+1}^{k}\mathrm{C}_k^i\mathrm{C}_{n-k}^{k-i}$$

这样, 就可由 $P\leqslant P_0$(P_0 为满足要求的概率值) 得到 n 的最小值. 当然, 在实际建立试题库中, 需要考虑实际情况, 求出一个合理的值就可以了.

注: 在组卷过程中, 试题库中各个试题的选取概率应相等 (每个试题被选中的概率相同). 对于每道题而言只有两种可能, 即被抽取或不被抽取, 具有随机性; 且每次抽取试题是离散的和独立的, 即各次抽取的结果互不影响, 也就是说, 每次抽取试题的概率不依赖于其他抽题的结果. 这样, 就将该问题转化为随机抽样问题, 本题实质上是古典概型在实际问题中的应用.

1.2.3　划拳游戏的公平性问题

例 1.3　划拳时, 用手势表示不同的数: 拳头表示 0, 1 根手指表示 1, 2 根手指表示 2, 3 根手指表示 3, 4 根手指表示 4, 5 根手指表示 5, 共 6 种情况. 甲、乙两人所出的手指数加在一起得到的结果, 能够表示的数值有 0、1、2、3、4、5、6、7、8、9、10 共 11 种. 比赛时, 甲、乙两人谁能说对两个人所出手指表示的数字之和, 谁就赢, 这公平吗?

解　首先, 用古典概型和枚举分析的方法进行计算, 具体计算过程如下:

甲、乙的出拳组合共 $6 \times 6 = 36$ (种), 如表 1.2 所示, 甲、乙的出拳组合所得到的结果如表 1.3 所示.

表 1.2　甲、乙双方出拳的组合

乙	甲					
	0	1	2	3	4	5
0	(0, 0)	(0, 1)	(0, 2)	(0, 3)	(0, 4)	(0, 5)
1	(1, 0)	(1, 1)	(1, 2)	(1, 3)	(1, 4)	(1, 5)
2	(2, 0)	(2, 1)	(2, 2)	(2, 3)	(2, 4)	(2, 5)
3	(3, 0)	(3, 1)	(3, 2)	(3, 3)	(3, 4)	(3, 5)
4	(4, 0)	(4, 1)	(4, 2)	(4, 3)	(4, 4)	(4, 5)
5	(5, 0)	(5, 1)	(5, 2)	(5, 3)	(5, 4)	(5, 5)

表 1.3　甲、乙双方出拳的结果

乙	甲					
	0	1	2	3	4	5
0	0	1	2	3	4	5
1	1	2	3	4	5	6
2	2	3	4	5	6	7
3	3	4	5	6	7	8
4	4	5	6	7	8	9
5	5	6	7	8	9	10

对于上述 11 种结果, 如果用 $p_i(i = 0, 1, 2, \cdots, 10)$ 表示第 i 种结果赢得比赛的概率, 则以甲为例, 给出相应概率 $p_i(i = 0, 1, 2, \cdots, 10)$.

(1) 要赢 0 时: 甲只会出 0, 而乙有 6 种不同出法, 则有

$$p_0 = \frac{1}{1 \times 6} = \frac{1}{6}$$

(2) 要赢 1 时：甲只会出 0 或 1, 而乙有 6 种不同出法, 则有

$$p_1 = \frac{2}{2 \times 6} = \frac{1}{6}$$

(3) 要赢 2 时：甲只会出 0 或 1 或 2, 而乙有 6 种不同出法, 则有

$$p_2 = \frac{3}{3 \times 6} = \frac{1}{6}$$

(4) 要赢 3 时：甲只会出 0 或 1 或 2 或 3, 而乙有 6 种不同出法, 则有

$$p_3 = \frac{4}{4 \times 6} = \frac{1}{6}$$

(5) 要赢 4 时：甲只会出 0 或 1 或 2 或 3 或 4, 而乙有 6 种不同出法, 则有

$$p_4 = \frac{5}{5 \times 6} = \frac{1}{6}$$

(6) 要赢 5 时：甲只会出 0 或 1 或 2 或 3 或 4 或 5, 而乙有 6 种不同出法, 则有

$$p_5 = \frac{6}{6 \times 6} = \frac{1}{6}$$

(7) 要赢 6 时：甲只会出 1 或 2 或 3 或 4 或 5, 而乙有 6 种不同出法, 则有

$$p_6 = \frac{5}{5 \times 6} = \frac{1}{6}$$

(8) 要赢 7 时：甲只会出 2 或 3 或 4 或 5, 而乙有 6 种不同出法, 则有

$$p_7 = \frac{4}{4 \times 6} = \frac{1}{6}$$

(9) 要赢 8 时：甲只会出 3 或 4 或 5, 而乙有 6 种不同出法, 则有

$$p_8 = \frac{3}{3 \times 6} = \frac{1}{6}$$

(10) 要赢 9 时：甲只会出 4 或 5, 而乙有 6 种不同出法, 则有

$$p_9 = \frac{2}{2 \times 6} = \frac{1}{6}$$

(11) 要赢 10 时：甲只会出 5, 而乙有 6 种不同出法, 则有

$$p_{10} = \frac{1}{1 \times 6} = \frac{1}{6}$$

其次, 从甲赢拳出发, 用相互独立事件概率的乘法公式和互斥事件概率的加法公式计算甲赢拳的概率.

设 A_i^k 表示在一次划拳中甲叫 k 而出拳为 i 的事件 ($k=0,1,2,\cdots,10$; 当 $0\leqslant k\leqslant 5$ 时, $i=0,1,2,\cdots,k$; 当 $5<k\leqslant 10$ 时, $i=k-5,k-4,\cdots,5$), 则由等可能事件的概率公式可得: 当 $0\leqslant k\leqslant 5$ 时, $P(A_i^k)=\dfrac{1}{k+1}$; 当 $5<k\leqslant 10$ 时, $P(A_i^k)=\dfrac{1}{11-k}$.

设 B_j 表示在一次划拳中乙出拳为 j 的事件 ($j=0,1,2,\cdots,5$), 则由等可能事件的概率公式可得 $P(B_j)=\dfrac{1}{6}$.

那么, 由相互独立事件概率的乘法公式可得

当 $0\leqslant k\leqslant 5$ 时, $P(A_i^kB_{k-i})=P(A_i^k)P(B_{k-i})=\dfrac{1}{k+1}\cdot\dfrac{1}{6}$;

当 $5<k\leqslant 10$ 时, $P(A_i^kB_{k-i})=P(A_i^k)P(B_{k-i})=\dfrac{1}{11-k}\cdot\dfrac{1}{6}$.

因此, 由互斥事件概率的加法公式可得

当 $0\leqslant k\leqslant 5$ 时,

$$P(\text{甲赢})=\sum_{i=0}^{k}P(A_i^kB_{k-i})=(k+1)\times\left(\frac{1}{k+1}\cdot\frac{1}{6}\right)=\frac{1}{6}$$

当 $5<k\leqslant 10$ 时,

$$P(\text{甲赢})=\sum_{i=k-5}^{5}P(A_i^kB_{k-i})=(11-k)\times\left(\frac{1}{11-k}\cdot\frac{1}{6}\right)=\frac{1}{6}$$

最后, 从甲赢拳出发, 用条件概率公式计算甲赢拳的概率.

设 A_i^k 表示在一次划拳中甲出拳为 i 并叫 k 的事件 ($k=0,1,2,\cdots,10$; 当 $0\leqslant k\leqslant 5$ 时, $i=0,1,2,\cdots,k$; 当 $5<k\leqslant 10$ 时, $i=k-5,k-4,\cdots,5$), 由于甲在赢拳的策略原则下, 知道自己每一次的出拳数, 因此 A_i^k 成为必然事件, 故当 $0\leqslant k\leqslant 10$ 时, $P(A_i^k)=1$.

设 B_j 表示在一次划拳中乙出拳为 j 的事件 ($j=0,1,2,\cdots,5$), 因为相对于甲来说, 乙的出拳数是随机的, 所以 $P(B_j)=\dfrac{1}{6}$.

因此, $A_i^kB_{k-i}$ 表示一次划拳中, 在甲叫 k 的前提下, 甲的出拳数为 i 时, 乙的出拳数恰为 $k-i$ 的事件, 由表 1.3 并依据等可能事件的概率公式可得

当 $0\leqslant k\leqslant 5$ 时, $P(A_i^kB_{k-i})=\dfrac{1}{k+1}\cdot\dfrac{1}{6}$;

当 $5 < k \leqslant 10$ 时, $P(A_i^k B_{k-i}) = \dfrac{1}{11-k} \cdot \dfrac{1}{6}$.

那么, 由条件概率公式可得

当 $0 \leqslant k \leqslant 5$ 时,

$$
\begin{aligned}
P(\text{甲赢}) &= \sum_{i=0}^{k} P(B_{k-i}|A_i^k) \\
&= \sum_{i=0}^{k} \frac{P(A_i^k B_{k-i})}{P(A_i^k)} \\
&= (k+1) \times \frac{\dfrac{1}{k+1} \cdot \dfrac{1}{6}}{1} \\
&= \frac{1}{6}
\end{aligned}
$$

当 $5 < k \leqslant 10$ 时,

$$
\begin{aligned}
P(\text{甲赢}) &= \sum_{i=k-5}^{5} P(B_{k-i}|A_i^k) \\
&= \sum_{i=k-5}^{5} \frac{P(A_i^k B_{k-i})}{P(A_i^k)} \\
&= (11-k) \times \frac{\dfrac{1}{11-k} \cdot \dfrac{1}{6}}{1} \\
&= \frac{1}{6}
\end{aligned}
$$

由此可得: 在划拳游戏的 11 种情况中, 甲获胜的概率都是 $\dfrac{1}{6}$. 同理, 乙获胜的概率也是 $\dfrac{1}{6}$. 可见在划拳游戏中, 甲、乙双方获胜的概率是均等的, 游戏是公平的. 至于实战中的 “赢多输少”, 那只是参赛方利用了对方的出拳规律的策略.

1.2.4 抽签结果与顺序

例 1.4 某研究所开展课题研究共有 10 个课题, 其中 4 个难度较大, 现有 3 位研究人员进行不重复地抽题, 每个人抽一次, 甲先抽, 乙后抽, 丙最后. 证明: 他们三个人抽到难度较大课题的概率相等.

证明 设 A、B 和 C 分别表示甲、乙和丙抽到难度较大课题的事件, 下面分别计算 $P(A)$、$P(B)$ 和 $P(C)$ 的值.

$$P(A)=\frac{4}{10}=0.4$$

$$\begin{aligned}P(B)&=P(B(A+\overline{A}))=P(BA+B\overline{A})\ =P(BA)+P(B\overline{A})\\&=P(A)P(B|A)+P(\overline{A})P(B|\overline{A})=\frac{4}{10}\cdot\frac{3}{9}+\frac{6}{10}\cdot\frac{4}{9}=0.4\end{aligned}$$

$$\begin{aligned}P(C)&=P(C(\overline{A}\ \overline{B}+\overline{A}B+A\overline{B}+AB))\\&=P(C\overline{A}\ \overline{B}+C\overline{A}B+CA\overline{B}+CAB)\\&=P(C\overline{A}\ \overline{B})+P(C\overline{A}B)+P(CA\overline{B})+P(CAB)\\&=P(\overline{A})P(\overline{B}|\overline{A})P(C|\overline{A}\ \overline{B})+P(\overline{A})P(B|\overline{A})P(C|\overline{A}B)\\&\quad+P(A)P(\overline{B}|A)P(C|A\overline{B})+P(A)P(B|A)P(C|AB)\\&=\frac{6}{10}\cdot\frac{5}{9}\cdot\frac{4}{8}+\frac{6}{10}\cdot\frac{4}{9}\cdot\frac{3}{8}+\frac{4}{10}\cdot\frac{6}{9}\cdot\frac{3}{8}+\frac{4}{10}\cdot\frac{3}{9}\cdot\frac{2}{8}\\&=0.4\end{aligned}$$

由上述计算结果得到 $P(A)=P(B)=P(C)=0.4$, 也就是说, 他们三个人抽到难度较大课题的概率相等. 因此, 抽签结果与顺序无关.

1.2.5　车辆颜色相关问题

例 1.5　一天深夜, 某小镇发生一起出租车肇事逃逸案, 假设该镇只有两家出租车公司, 它们分别是红色出租车公司和绿色出租车公司, 且分别有出租车 15 辆和 75 辆. 目击者称看到肇事的出租车是红色车. 经过侦查得知, 在案发情景下, 目击者看清出租车颜色的概率是 0.8. 试问: 哪家出租车公司涉案的可能性更大.

解　大家可能仅仅依据目击者判断的准确率就认为红色出租车公司涉案可能性更大, 但这就忽略了红色车 15 辆和绿色车 75 辆的条件. 下面给出具体求解过程.

设 B 表示肇事车是红色车, A 表示肇事车是绿色车, 则由条件概率公式, 得

$$P(B|A)=\frac{P(B)P(A|B)}{P(B)P(A|B)+P(\overline{B})P(A|\overline{B})}=\frac{4}{9}$$

$$P(\overline{B}|A)=\frac{P(\overline{B})P(A|\overline{B})}{P(B)P(A|B)+P(\overline{B})P(A|\overline{B})}=\frac{5}{9}$$

这样, 根据已有的条件可以推断出, 绿色出租车公司涉案的可能性更大.

还可以这样理解: 根据目击者判断的准确率, 红色车中有 80%的概率被看成是红色车, 即将 15 辆红色车看成是红色车的有 12 辆; 绿色车中有 20%的概率被看

成是红色车, 即将 75 辆绿色车看成是红色车的有 15 辆. 因此, 在被看成红色的 27 辆车中, 有红色车 12 辆、绿色车 15 辆, 可见在被目击者看成红色的车中, 其实是绿色的可能性更大.

1.2.6 白化病与猫叫综合征关联性问题

例 1.6 假设在 40 位白化病患者中, 有 1 位患猫叫综合征, 而在 3613 位未患白化病的人群中, 有 92 位患猫叫综合征, 且已知一个人患白化病的可能性为 0.00001, 试分析这两种遗传病是否有关联.

解 令事件 A 表示患白化病的人, 事件 B 表示患猫叫综合征的人, 则由题目可知, $A\overline{A}=\varPhi$, $A\bigcup\overline{A}=\varOmega$, 且

$$P(B|A)=\frac{1}{40}=0.025,\quad P(B|\overline{A})=\frac{92}{3613}\approx 0.025,$$

从而, 由全概率公式可得

$$\begin{aligned}P(B)&=P(A)P(B|A)+P(\overline{A})P(B|\overline{A})\\&\approx 0.00001\times 0.025+(1-0.00001)\times 0.025\\&=0.025\end{aligned}$$

因此, 从计算结果可以看出 $P(B)=P(B|A)\approx 0.025$, 即事件 A 与事件 B 相互独立. 于是, 可得出白化病与猫叫综合征两种遗传病没有关联.

1.2.7 体检结果问题

例 1.7 用甲胎蛋白法普查肝癌: 令 A 表示被检验者患肝癌, B 表示被检验者甲胎蛋白检验结果为阳性, 则 $\overline{A}$ 表示被检验者未患肝癌, $\overline{B}$ 表示被检验者甲胎蛋白检验结果为阴性. 由资料已知 $P(B|A)=0.95$, $P(\overline{B}|\overline{A})=0.90$, 又已知某地居民的肝癌发病率为 $P(A)=0.0004$. 在普查中查出一批甲胎蛋白检验结果为阳性的人, 求这批人患有肝癌的概率 $P(A|B)$.

解 由题意可知, $A\overline{A}=\varPhi$, $A\bigcup\overline{A}=\varOmega$, $P(A)=0.0004$, $P(B|A)=0.95$, $P(\overline{B}|\overline{A})=0.90$. 因此, 由贝叶斯公式可得

$$\begin{aligned}P(A|B)&=\frac{P(A)P(B|A)}{P(A)P(B|A)+P(\overline{A})P(B|\overline{A})}\\&=\frac{0.0004\times 0.95}{0.0004\times 0.95+(1-0.0004)\times 0.90}\end{aligned}$$

$$= 0.0038$$

由此可知, 经甲胎蛋白法检验为阳性的人群中, 真正患有肝癌的人还是很少的(只占 0.38%).

在实际中, 当已知被检验者患肝癌或未患肝癌时, 甲胎蛋白检验的准确性是比较高的, $P(B|A) = 0.95$ 及 $P(\overline{B}|\overline{A}) = 0.90$ 可以肯定这一点. 但如果未知被检验者是否患有肝癌, 而需要从甲胎蛋白检验结果为阳性这一事件出发, 来判断被检验者是否患肝癌, 那么它的准确性还是很低的, 原因是 $P(A|B)$ 只有 0.0038. 这个事实看起来似乎有点矛盾. 一种检验方法 "准确性" 很高, 在实际使用时准确性却又很低, 到底是怎么回事呢? 这从上述计算中用到的贝叶斯公式可以得到解释. 已知 $P(B|\overline{A}) = 0.10$ 是不大的 (这时被检验者未患肝癌, 但甲胎蛋白检验结果为阳性, 即检验结果是错误的), 但是患有肝癌的人毕竟很少 (在本案例中为 $P(A) = 0.0004$), 于是未患肝癌的人占了绝大多数 ($P(\overline{A}) = 0.9996$), 这就使得检验结果是错误的部分 $P(\overline{A})P(B|\overline{A})$ 相对很大, 从而造成 $P(A|B)$ 很小. 那么, 上述结果是不是说明甲胎蛋白检验法不能用了呢? 答案是否定的. 通常医生总是先采取一些简单易行的辅助方法进行检验, 当怀疑某个对象有可能患有肝癌时, 才建议用甲胎蛋白法检验. 这时, 在被怀疑的对象中, 肝癌的发病率已经显著地增加了.

1.2.8 赛制的制定问题

例 1.8 在某台球比赛中, 运动员甲与运动员乙相遇, 根据实际排名和以往的战绩统计, 每赛一局甲胜的概率为 0.45, 乙胜的概率为 0.55. 比赛既可采用三局两胜制, 也可以采用五局三胜制, 问采用哪种赛制对运动员甲更有利.

解 由题意, 可以做如下具体分析:

(1) 采用三局两胜制.

设 A_1 表示甲胜前两局, A_2 表示前两局中两人各胜一局, 第三局甲胜, A 表示甲胜, 则甲胜 $A = A_1 \bigcup A_2$, 而

$$P(A_1) = 0.45^2 = 0.2025$$

$$P(A_2) = (0.45^2 \times 0.55) \times 2 = 0.22275$$

又由于 A_1 与 A_2 互不相容, 从而由加法公式可得

$$P(A) = P(A_1 \bigcup A_2)$$

$$
\begin{aligned}
&= P(A_1) + P(A_2) \\
&= 0.2025 + 0.22275 \\
&= 0.42525
\end{aligned}
$$

(2) 采用五局三胜制.

设 B_1 表示甲胜前三局, B_2 表示前三局中甲胜两局, 乙胜一局, 第四局甲胜, B_3 表示前四局中两人各胜两局, 第五局甲胜, B 表示甲胜, 则甲胜 $B = B_1 \bigcup B_2 \bigcup B_3$, 而

$$P(B_1) = 0.45^3 = 0.091125$$

$$P(B_2) = \mathrm{C}_3^2 \times 0.45^2 \times 0.55 \times 0.45 \approx 0.150356$$

$$P(B_3) = \mathrm{C}_4^2 \times 0.45^2 \times 0.55^2 \times 0.45 \approx 0.165392$$

又由于 B_1, B_2 与 B_3 两两互不相容, 从而由加法公式可得

$$
\begin{aligned}
P(B) &= P(B_1 \bigcup B_2 \bigcup B_3) \\
&= P(B_1) + P(B_2) + P(B_3) \\
&\approx 0.091125 + 0.150356 + 0.165392 \\
&= 0.406873
\end{aligned}
$$

比较上述结果可以看出, $P(B) < P(A)$. 因此, 采用三局两胜制对甲有利, 但从公平性上来说, 因为每一局甲胜的概率为 0.45, 乙胜的概率为 0.55, 所以 "五局三胜制" 更公平、更合理.

1.2.9 生日相同问题

例 1.9 某班级有 n 个人 ($n \leqslant 365$), 试求该班至少有两个人的生日在同一天的概率.

解 这里看一下著名的 "分房问题".

设有 n 个人, 每个人都等可能地被分配到 N 个房间中的任意一间去住 ($n \leqslant N$), 则由古典概型的计算公式可得, "恰好有 n 个房间, 其中各住一个人" 的概率 P 为

$$P = \frac{N!}{N^n (N-n)!}$$

在本案例中, 假定一年按 365 天计算, 把 365 天当作 N 个 “房间”, 那么问题就可以归结为上述分房问题, 这时 “n 个人的生日全部相同” 就相当于上述分房问题 “恰有 n 个房间各住一人”. 令事件 A 为 n 个人中至少有两个人的生日在同一天, 则 $\overline{A}$ 为 n 个人的生日全部相同. 这样, 由上述分房问题的结果可知

$$P(\overline{A}) = \frac{365!}{365^n \cdot (365-n)!}$$

再由 $P(A) + P(\overline{A}) = 1$ 可以得到所求的概率 $P(A)$ 为

$$P(A) = 1 - \frac{365!}{365^n \cdot (365-n)!}$$

注意到, 这个例子是历史上有名的 “生日问题”, 对部分 n 值, 计算得到相应的 $P(A)$ 值如表 1.4 所示.

表 1.4　部分 n 值对应的 $P(A)$ 值

n	10	20	23	30	40	50
$P(A)$	0.12	0.41	0.51	0.71	0.89	0.97

表 1.4 中所列的部分 n 值对应的 $P(A)$ 值是足以引起大多数读者惊讶的, 因为 “一个班级中至少有两个人的生日在同一天” 这件事发生的概率, 并不如大多数人直觉中想象得那么小, 而是相当大. 由表 1.4 可以看出, 当班级中的人数为 23 时, 就有超过半数的班级会发生这件事情, 而当班级的人数达到 50 时, 竟有 97% 的班级会发生上述事情.

1.2.10　运用概率方法证明不等式

例 1.10　若 a, b, c, d 都是大于等于 0 且小于等于 1 的数, 证明:

$$(a+b-ab)(c+d-cd) \geqslant ac+bd-abcd$$

证明　当看到此类题目时, 可以先对不等式进行观察, 不难看出题目中包含一些概率论的规律和运算方法, 因此可以通过假设构造成概率事件. 假设 A, B, C, D 是概率分别为 a, b, c, d 的相互独立的事件, 那么通过概率中事件之间的性质和关系可得

$$(A \bigcup B)(C \bigcup D) = AC \bigcup AD \bigcup BC \bigcup BD \supseteq AC \bigcup BD$$

且有

$$P(AC \bigcup BD) \leqslant P((A \bigcup B)(C \bigcup D))$$

又因为 A, B, C, D 是相互独立的事件, 所以可得

$$P(A\bigcup B)=P(A)+P(B)-P(AB)=a+b-ab$$

同理可得

$$P(C\bigcup D)=c+d-cd$$

$$P(AC\bigcup BC)=ac+bd-abcd$$

又因为 $P((A\bigcup B)(C\bigcup D))=P(A\bigcup B)P(C\bigcup D)$, 所以可得

$$(a+b-ab)(c+d-cd)\geqslant ac+bd-abcd$$

注：不难看出, 运用概率论的思想方法, 能够拓宽思维, 使得解题过程简洁明了. 把抽象的数学问题具体化, 能激发学生解题过程中的创造性思维.

例 1.11 假设 d 为正数 a, b, c, d 中最大的数, 证明:

$$a(d-b)+b(d-c)+c(d-a)<d^2$$

证明 设 A, B, C 是三个相互独立的事件, 从而可令 $P(A)=\dfrac{a}{d}$, $P(B)=\dfrac{b}{d}$, $P(C)=\dfrac{c}{d}$, 即有 $0\leqslant P(A)=\dfrac{a}{d}\leqslant 1$, $0\leqslant P(B)=\dfrac{b}{d}\leqslant 1$, $0\leqslant P(C)=\dfrac{c}{d}\leqslant 1$. 根据概率加法公式及事件的独立性有

$$\begin{aligned}
&P(A+B+C)\\
&=P(A)+P(B)+P(C)-P(AB)-P(AC)-P(BC)+P(ABC)\\
&=\frac{a}{d}+\frac{b}{d}+\frac{c}{d}-\frac{ab}{d^2}-\frac{ac}{d^2}-\frac{bc}{d^2}+\frac{abc}{d^2}\\
&>\left(\frac{a}{d}-\frac{ab}{d^2}\right)+\left(\frac{b}{d}-\frac{bc}{d^2}\right)+\left(\frac{c}{d}-\frac{ac}{d^2}\right)\\
&=\frac{a}{d}\left(1-\frac{b}{d}\right)+\frac{b}{d}\left(1-\frac{c}{d}\right)+\frac{c}{d}\left(1-\frac{a}{d}\right)
\end{aligned}$$

又因为 $0\leqslant P(A+B+C)\leqslant 1$, 所以

$$\frac{a}{d}\left(1-\frac{b}{d}\right)+\frac{b}{d}\left(1-\frac{c}{d}\right)+\frac{c}{d}\left(1-\frac{a}{d}\right)\leqslant 1$$

由此可得

$$a(d-b)+b(d-c)+c(d-a)\leqslant d^2$$

注：由本案例可以看出，在不等式证明的过程中，可以利用概率加法公式及事件独立性来证明. 由于有些不等式的证明往往比较复杂，而且题目的具体含义也比较难以理解和抽象化，如果在解题的过程中能够建立适当的概率模型，将概率中一些随机事件或必然事件赋予具体的数据含义，再通过概率论的性质理论，能够使证明过程得到简化. 同时，还能够将抽象的数学问题具体化，为不等式证明等数学问题的研究提供具体的概率背景，有助于加强各个数学分支之间的联系.

例 1.12 设 x, y 和 z 都是大于 0 且小于 1 的数，求证：

$$x(1-y)(1-z)+(1-x)y(1-z)+(1-x)(1-y)z \geqslant 1$$

证明 因为 $x, y, z \in (0,1)$，所以设 $P(A)=x$, $P(B)=y$, $P(C)=z$，其中 A, B, C 为独立事件，则

$$\begin{aligned} 1 &\geqslant P(A+B+C) \\ &= P(A)+P(B)+P(C)-P(AB)-P(AC)-P(BC)+P(ABC) \\ &= x+y+z-xy-xz-yz+xyz \end{aligned}$$

因此，可以得出 $x(1-y)(1-z)+(1-x)y(1-z)+(1-x)(1-y)z \geqslant 1$.

注：本案例利用概率方法得出证明结果，清晰简洁. 但是，普通的构建一次函数法却需要很多个步骤来解决，原因是普通的构建一次函数法不仅需要建立区间，也需要烦琐的计算化简和分类讨论等. 巧妙地运用概率的方法，可以将这些烦琐的步骤大大简洁化，方便快捷地解决问题.

1.2.11 运用概率方法证明组合等式

例 1.13 证明：

$$\mathrm{C}_{n+1}^{k}=\mathrm{C}_{n}^{k}+\mathrm{C}_{n}^{k-1}$$

证明 证明 $\mathrm{C}_{n+1}^{k}=\mathrm{C}_{n}^{k}+\mathrm{C}_{n}^{k-1}$，即需证明式 (1.10) 成立.

$$\frac{\mathrm{C}_{n}^{k}}{\mathrm{C}_{n+1}^{k}}+\frac{\mathrm{C}_{n}^{k-1}}{\mathrm{C}_{n+1}^{k}}=1 \tag{1.10}$$

下面构造概率模型，使两个事件 A_1, A_2 的概率分别为 $P(A_1)=\dfrac{\mathrm{C}_{n}^{k}}{\mathrm{C}_{n+1}^{k}}$, $P(A_2)=\dfrac{\mathrm{C}_{n}^{k-1}}{\mathrm{C}_{n+1}^{k}}$，而且事件 A_1, A_2 为一个完备事件组. 因此，可利用对立事件的性质，构造概

率模型如下：

有一批产品共 $n+1$ 个, 待批发出厂. 若已知其中混进了一个废品, 现在从中随机地抽取 k 个产品 $(1 \leqslant k \leqslant n+1)$, 那么抽到废品的概率是多少? 抽出的 k 个产品中没有废品的概率又是多少?

若记事件 A_1 为 "抽出的 k 个产品中没有废品", 那么事件 $A_2 = \overline{A}_1$ 就是 "抽到废品", 也就是说 A_1, A_2 为两个对立事件. 又知 $P(A_1) = \dfrac{\mathrm{C}_n^k}{\mathrm{C}_{n+1}^k}$, $P(A_2) = \dfrac{\mathrm{C}_1^1\mathrm{C}_n^{k-1}}{\mathrm{C}_{n+1}^k}$. 因为 A_1, A_2 构成一个完备事件组, 所以 $P(A_1) + P(A_2) = 1$. 从而可得

$$\frac{\mathrm{C}_n^k}{\mathrm{C}_{n+1}^k} + \frac{\mathrm{C}_1^1\mathrm{C}_n^{k-1}}{\mathrm{C}_{n+1}^k} = 1 \tag{1.11}$$

因此, 可以得到

$$\mathrm{C}_n^k + \mathrm{C}_n^{k-1} = \mathrm{C}_{n+1}^k \tag{1.12}$$

这就证明了要证的恒等式 $\mathrm{C}_{n+1}^k = \mathrm{C}_n^k + \mathrm{C}_n^{k-1}$.

注：从上述证明过程可以看出, 构造的概率模型不是凭空臆想出来的, 而是把所要证明的等式进行恒等变形, 根据组合公式的意义设法构造的.

例 1.14 证明：

$$\mathrm{C}_{n+1}^k = \mathrm{C}_n^k + \mathrm{C}_{n-1}^{k-1} + \mathrm{C}_{n-1}^{k-2}$$

证明 证明 $\mathrm{C}_{n+1}^k = \mathrm{C}_n^k + \mathrm{C}_{n-1}^{k-1} + \mathrm{C}_{n-1}^{k-2}$, 即需证明式 (1.13) 成立.

$$\frac{\mathrm{C}_n^k}{\mathrm{C}_{n+1}^k} + \frac{\mathrm{C}_{n-1}^{k-1}}{\mathrm{C}_{n+1}^k} + \frac{\mathrm{C}_{n-1}^{k-2}}{\mathrm{C}_{n+1}^k} = 1 \tag{1.13}$$

这里构造概率模型如下：

设袋中有 $n+1$ 个球, 其中有一个红球、一个黑球和 $n-1$ 个白球. 现随机抽取 $k(1 \leqslant k \leqslant n+1)$ 个球, 抽取的 k 只球中含有红球的概率是多少? 抽出的 k 个球中没有红球的概率又是多少?

设事件 A 表示抽取的 k 个球中含有红球, 事件 $\overline{A}$ 表示抽取的 k 个球中没有红球, 则 $P(\overline{A}) = \dfrac{\mathrm{C}_1^0\mathrm{C}_n^k}{\mathrm{C}_{n+1}^k}$, 下面求 $P(A)$. 若令事件 B 表示抽取的 k 个球中有黑球, 那么事件 $\overline{B}$ 就表示抽取的 k 个球中没有黑球. 因此, B 和 $\overline{B}$ 就是一个完备事件组, 由全概率公式可得

$$P(A) = P(B)P(A|B) + P(\overline{B})P(A|\overline{B})$$

$$= \frac{C_1^1 C_n^k}{C_{n+1}^k} \cdot \frac{C_1^1 C_{n-1}^{k-2}}{C_n^{k-1}} + \frac{C_1^0 C_n^k}{C_{n+1}^k} \cdot \frac{C_1^1 C_{n-1}^{k-1}}{C_n^k} = \frac{C_{n-1}^{k-2}}{C_{n+1}^k} + \frac{C_{n-1}^{k-1}}{C_{n+1}^k}$$

由 $P(A) + P(\overline{A}) = 1$ 推得式 (1.13) 成立, 从而要证明的恒等式

$$C_{n+1}^k = C_n^k + C_{n-1}^{k-1} + C_{n-1}^{k-2}$$

成立.

例 1.15　证明:

$$\sum_{i=0}^{n} (C_n^i)^2 = C_{2n}^n$$

证明　要证明 $\sum\limits_{i=0}^{n} (C_n^i)^2 = C_{2n}^n$, 需证明式 (1.14) 成立.

$$\sum_{i=0}^{n} \frac{(C_n^i)^2}{C_{2n}^n} = 1 \tag{1.14}$$

因此, 需要找到一个随机试验, 其基本事件总数为有限个且等可能, 使其 $n+1$ 个事件 $A_0, A_1, A_2, \cdots, A_n$ 为一个完备事件组, 且有 $P(A_i) = \dfrac{(C_n^i)^2}{C_{2n}^n}, i = 0, 1, 2, \cdots, n$.

现假设一个口袋中有 $2n$ 个球, 其中一半是红球, 一半是白球, 从中取出 n 个球, 其中恰有 i 个红球, $n-i$ 个白球的概率分别是多少?

设事件 A_i 表示恰有 $n-i$ 个白球. 由题意可知, 样本空间的基本事件总数为 C_{2n}^n, A_i 包含基本事件数为 $C_n^i C_n^{n-i}$, 故有

$$P(A_i) = \frac{C_n^i C_n^{n-i}}{C_{2n}^n} = \frac{(C_n^i)^2}{C_{2n}^n} \tag{1.15}$$

其中, $i = 0, 1, 2, \cdots, n$.

又由题意知 $A_0, A_1, A_2, \cdots, A_n$ 为一个完备事件组, 故有

$$1 = P(\Omega) = P\left(\bigcup_{i=0}^{n} A_i\right) = \sum_{i=0}^{n} P(A_i) = \sum_{i=0}^{n} \frac{(C_n^i)^2}{C_{2n}^n} \tag{1.16}$$

从而要证的等式 $\sum\limits_{i=0}^{n} (C_n^i)^2 = C_{2n}^n$ 成立.

注: 从本案例可以发现, 为解题所设的各种概率模型, 均是从实际问题出发, 经分析与联系, 将问题变形和转化, 然后恰当赋义, 构造相关概率模型. 当然, 想象联系的思路越开阔, 概率论的知识越丰富, 运用概率知识的手段越灵活, 模型构造越巧妙, 证明的途径就越简捷.

1.2.12 考试运气问题

例 1.16 以某高校的一次大学英语期末考试为例, 考试包括英语听力、语法结构、阅读理解、综合填空和写作等方面. 试卷除英文写作占 15 分外, 其余 85 道为单项选择题, 每题 1 分, 每一道题附有 A, B, C, D 四个选择答案, 要求考生从中选择出最佳答案. 这种考试方式使有的学生产生碰运气的侥幸心理, 那么靠运气能通过这次大学英语考试吗?

解 假设英文写作可得 9 分, 那么按及格成绩 60 分计算, 85 道选择题必须答对 51 道题及以上. 如果仅靠碰运气的话, 则每道题答对的概率为 $\frac{1}{4}$, 答错的概率是 $\frac{3}{4}$, 且假设每道题的解答互不影响. 因此, 可以将解答 85 道选择题看成 85 重伯努利试验. 从而, 靠运气通过这次大学英语考试的概率 $P_{85}(k \geqslant 51)$ 为

$$\begin{aligned} P_{85}(k \geqslant 51) &= \sum_{k=51}^{85} \mathrm{C}_{85}^{k} \times \left(\frac{1}{4}\right)^{k} \times \left(\frac{3}{4}\right)^{85-k} \\ &\approx 8.74 \times 10^{-12} \end{aligned}$$

由计算结果可以看出, 概率非常小. 因此可以认为, 靠碰运气通过这次大学英语考试几乎是一个不可能发生的事件, 它相当于在 1000 亿个想碰运气的考生中, 仅有 0.874 人能通过这次大学英语考试.

1.2.13 猜卡片数字问题

例 1.17 将 4 张标有数字 1~4 的卡片面朝下放在桌子上, 随机地猜一下卡片上的数字, 至少猜中 1 张的概率 p 是多少?

解 令 $A_i = \{$ 第 i 张被猜中 $\}$, $i = 1,2,3,4$. 设猜中 4 张卡片的猜法共有 4! 种, 而要求第 i 张必须猜对, 对其他卡片并不关心猜中与否的猜法有 $(4-1)!$ 种, 因此猜对 1 张卡片的概率 $P(A_i)$ 为

$$P(A_i) = \frac{(4-1)!}{4!} = \frac{1}{4}$$

类似地, 如果第 i 张和第 j 张猜中 ($i \neq j;\ i,j = 1,2,3,4$), 而剩下 2 张有 $(4-2)!$ 种, 因此猜中 2 张卡片的概率 $P(A_iA_j)$ 为

$$P(A_iA_j) = \frac{(4-2)!}{4!} = \frac{1}{12}$$

同理可得, 猜中 3 张卡片的概率 $P(A_iA_jA_k)$ 为

$$P(A_iA_jA_k) = \frac{(4-3)!}{4!} = \frac{1}{24}, \quad i \neq j \neq k; i,j,k = 1,2,3,4$$

因此, 至少猜中 1 张卡片的概率 p 为

$$\begin{aligned} p &= P(A_1 \bigcup A_2 \bigcup A_3 \bigcup A_4) \\ &= \sum_{i=1}^{4} P(A_i) - \sum_{i<j} P(A_iA_j) + \sum_{i<j<k} P(A_iA_jA_k) - P(A_1A_2A_3A_4) \\ &= 4 \times \frac{1}{4} - 3 \times 2 \times 1 \times \frac{1}{12} + 4 \times \frac{1}{24} - \frac{1}{24} \\ &= \frac{5}{8} \approx 0.63 \end{aligned}$$

从计算结果可以看出, 至少猜中 1 张卡片的概率约是 63%.

1.2.14　鱼塘中鱼数量的估计

例 1.18　假设一个鱼塘中有 N 条鱼, 现打捞出 r 条鱼, 给其做上记号后放回该鱼塘中 (假设记号不会消失). 过一段时间后 (这样做的目的是使有记号与无记号的鱼尽量混均匀), 再从该鱼塘中打捞出 s 条鱼 (令 $s \geqslant r$), 发现打捞出的 s 条鱼中有 t 条鱼 $(0 \leqslant t \leqslant r)$ 标有记号. 试根据此信息, 估计该鱼塘中鱼的数目 N.

解　这里用伯努利概型来求解. 如果再加一个一般总能满足的条件 $s \ll N$, 则可以认为每打捞一条鱼出现有标记 (即为 "成功") 的概率近似为 $p = \dfrac{r}{N}$. 可把一次打捞出 s 条鱼看成逐次地一条一条地打捞出, 把每打捞出一条鱼看成一次试验, 于是就可近似看成 s 重伯努利试验, 每次试验 "成功" 发生的概率都为 p. 故实验 "成功" 发生 t 次的概率为

$$\begin{aligned} P_s(t) &= \mathrm{C}_s^t p^t (1-p)^{s-t} \\ &= \mathrm{C}_s^t \left(\frac{r}{N}\right)^t \left(1 - \frac{r}{N}\right)^{s-t} \\ &= \frac{1}{N^s} \mathrm{C}_s^t r^t (N-r)^{s-t} \end{aligned}$$

由于在一次打捞中, "s 条鱼中有 t 条标有记号的鱼" 这一事件发生了, 它应是大概率事件. 因此, N 的选择应使概率 $P_s(t)$ 的值达到最大. 由于

$$\ln P_s(t) = -s \ln N + \ln \mathrm{C}_s^t + t \ln r + (s-t) \ln(N-r)$$

令

$$\frac{\mathrm{d} \ln P_s(t)}{\mathrm{d}N} = -\frac{s}{N} + \frac{s-t}{N-r} = 0$$

解之得

$$\hat{N} = \left[\frac{rs}{t}\right]$$

故可估计出该鱼塘中的鱼的数目 N 为 $\left[\frac{rs}{t}\right]$, 其中 $[\cdot]$ 表示取整.

这里合理地使用伯努利概型给出了该鱼塘中鱼的估计数目, 当然, 也可以采用大数定律或极大似然估计的思想方法来进行求解.

1.2.15　桥形系统的可靠性问题

例 1.19　设如图 1.1 所示的桥形系统中各个元件的可靠度 (即正常工作的概率) 为 $p_i(i=1,2,3,4,5)$, 各个元件的工作状况相互独立, 试求如图 1.1(a) 所示桥形系统的可靠度 R_{sa}.

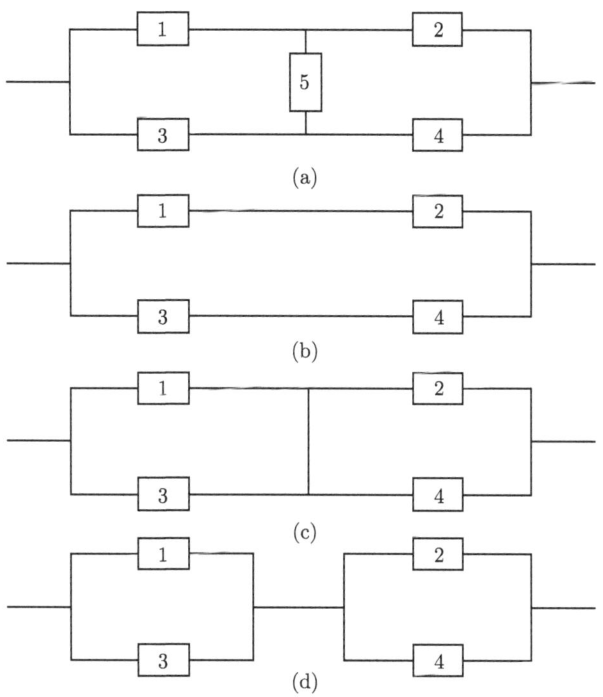

图 1.1　桥形系统示意图

解　首先, 设 $A_i = \{$ 元件 i 正常工作 $\}(i=1,2,3,4,5)$, $A_{\text{s}} = \{$ 系统 s 正常工作 $\}$, 则如图 1.1(b) 所示系统的可靠度 R_{sb} 为

$$R_{\text{sb}} = P(A_{\text{sb}})$$

$$\begin{aligned}&= P(A_1A_2 \bigcup A_3A_4)\\&= P(A_1A_2) + P(A_3A_4) - P(A_1A_2A_3A_4)\\&= p_1p_2 + p_3p_4 - p_1p_2p_3p_4\end{aligned}$$

然后, 计算如图 1.1(c) 或 (d) 所示系统的可靠度 $R_{\rm sc}$ 或 $R_{\rm sd}$ 均为

$$\begin{aligned}R_{\rm sc} = R_{\rm sd} &= P(A_{\rm sc})\\&= P((A_1 \bigcup A_3)(A_2 \bigcup A_4))\\&= P(A_1 \bigcup A_3)P(A_2 \bigcup A_4)\\&= (p_1 + p_3 - p_1p_3)(p_2 + p_4 - p_2p_4)\end{aligned}$$

最后, 计算如图 1.1(a) 所示系统的可靠度 $R_{\rm sa}$. 对于该系统, 求其可靠度的关键是元件 5 的处理, 由全概率公式可得

$$\begin{aligned}R_{\rm sa} &= P(A_{\rm sa})\\&= P(A_5)P(A_{\rm sa}|A_5) + P(\overline{A}_5)P(A_{\rm sa}|\overline{A}_5)\\&= P_5R_{\rm sc} + (1 - P_5)R_{\rm sb}\\&= p_5(p_1 + p_3 - p_1p_3)(p_2 + p_4 - p_3p_4)\\&\quad + (1 - p_5)(p_1p_2 + p_3p_4 - p_1p_2p_3p_4)\end{aligned}$$

其中, $P(A_{\rm sa}|A_5) = R_{\rm sc}$. 这是由于元件 5 是在正常工作, 即在元件 5 所在桥路成为通路的条件下, 图 1.1(a) 所示系统即为图 1.1(c) 所示系统.

注: 从例 1.19 也可以看出, 用相同的元件组成一个系统, 完成相同的功能, 只是由于设计的连接方式不同, 得到的可靠度就不同. 因此, 事先应精心设计以提高产品 (或工序) 的可靠度, 这也是可靠性系统工程学中的一个重要课题.

1.2.16　产品检验

例 1.20　关于某产品的检验方案是这样规定的: 在批量为 100 件的一批产品中任取 1 件来检验, 如果是废品, 就认为这批产品不合格而拒收. 如果是正品, 则再抽查 1 件; 如果是废品, 就拒收这批产品; 如果还是正品, 则再抽查 1 件进行检验. 如此继续进行至多 4 次, 每次抽过的产品不放回. 如果连续查 4 件产品都是正品, 则认为产品合格而接收. 假定一批产品中有 5% 是废品, 那么这批产品被拒收的概率是多少?

解 设 B 表示产品被拒收, A_i 表示第 i 次抽得废品, $i=1,2,3,4$.

第一种解法:

$$B=A_1\bigcup\overline{A}_1A_2\bigcup\overline{A}_1\overline{A}_2A_3\bigcup\overline{A}_1\overline{A}_2\overline{A}_3A_4$$

由题意可得

$$\begin{aligned}P(A_1)=\frac{5}{100},\quad P(\overline{A}_1)=\frac{95}{100}\\P(A_2|\overline{A}_1)=\frac{5}{99},\quad P(\overline{A}_2|\overline{A}_1)=\frac{94}{99}\\P(A_3|\overline{A}_1\overline{A}_2)=\frac{5}{98},\quad P(\overline{A}_3|\overline{A}_1\overline{A}_2)=\frac{93}{98}\\P(A_4|\overline{A}_1\overline{A}_2\overline{A}_3)=\frac{5}{97},\quad P(\overline{A}_4|\overline{A}_1\overline{A}_2\overline{A}_3)=\frac{92}{97}\end{aligned}$$

因此, 有

$$\begin{aligned}P(B)&=P(A_1)+P(\overline{A}_1A_2)+P(\overline{A}_1\overline{A}_2A_3)+P(\overline{A}_1\overline{A}_2\overline{A}_3A_4)\\&=P(A_1)+P(\overline{A}_1)P(A_2|\overline{A}_1)+P(\overline{A}_1)P(\overline{A}_2|\overline{A}_1)P(A_3|\overline{A}_1\overline{A}_2)\\&\quad+P(\overline{A}_1)P(\overline{A}_2|\overline{A}_1)P(A_3|\overline{A}_1\overline{A}_2)P(A_4|\overline{A}_1\overline{A}_2\overline{A}_3)\\&=\frac{5}{100}+\frac{95}{100}\times\frac{5}{99}+\frac{95}{100}\times\frac{94}{99}\times\frac{5}{98}+\frac{95}{100}\times\frac{94}{99}\times\frac{93}{98}\times\frac{5}{97}\\&\approx 0.188\end{aligned}$$

即这批产品被拒收的概率约是 0.188.

第二种解法:

由于 $\overline{B}$ 表示产品被接收, 即抽取的 4 件都是合格品, 则有

$$\overline{B}=\overline{A}_1\overline{A}_2\overline{A}_3\overline{A}_4$$

因此, 有

$$\begin{aligned}P(B)&=1-P(\overline{B})\\&=1-P(\overline{A}_1\overline{A}_2\overline{A}_3\overline{A}_4)\\&=1-P(\overline{A}_1)P(\overline{A}_2|\overline{A}_1)P(\overline{A}_3|\overline{A}_1\overline{A}_2)P(\overline{A}_4|\overline{A}_1\overline{A}_2\overline{A}_3)\\&=1-\frac{95}{100}\times\frac{94}{99}\times\frac{93}{98}\times\frac{92}{97}\\&\approx 1-0.812\end{aligned}$$

$$= 0.188$$

因此, 这批产品被拒收的概率约是 0.188.

一般地, 求条件概率常用两种方法：一种是按定义计算; 另一种是按条件概率的直观意义计算. 例 1.21 所涉及的条件概率采用后一种方法. 例如, $P(A_3|\overline{A}_1\overline{A}_2)$ 是指在事件 $\overline{A}_1\overline{A}_2$ 发生的条件下 A_3 发生的概率. “$\overline{A}_1\overline{A}_2$” 发生了, 即已抽走了 2 件正品, 此时仅剩 98 件产品, 其中有 5 件废品, 因此, 此时若再从产品中任取 1 件, 则仅有 98 个可能的结果, 而有利于 A_3 的有 5 个, 故由概率的古典定义有 $P(A_3|\overline{A}_1\overline{A}_2) = \dfrac{5}{98}$. 对于 $P(\overline{A}_2|A_1)$, 当然可以直接计算, 但在已知 $P(A_2|A_1)$ 时, 也可以用公式求解 $P(\overline{A}_2|A_1) = 1 - P(A_2|A_1)$.

1.2.17　小概率事件

例 1.21　设在一次随机试验中, 某一事件 A 出现的概率为 ε ($\varepsilon > 0$), 证明：不论 ε 如何小, 只要不断地独立重复做此试验, 则 A 迟早会出现的概率为 1.

解　A 迟早会出现的意思是, 只要试验次数无限地增多, A 总是会出现的.

设 A_k 表示 A 于第 k 次试验中出现, 则

$$P(A_k) = \varepsilon, \quad P(\overline{A}_k) = 1 - \varepsilon$$

在前 n 次独立重复试验中 A 都不出现的概率为

$$\begin{aligned} P(\overline{A}_1\overline{A}_2\cdots\overline{A}_n) &= P(\overline{A}_1)P(\overline{A}_2)\cdots P(\overline{A}_n) \\ &= (1-\varepsilon)^n \end{aligned}$$

于是在前 n 次试验中 A 至少出现 1 次的概率为

$$\begin{aligned} P_n &= 1 - P(\overline{A}_1\overline{A}_2\cdots\overline{A}_n) \\ &= 1 - (1-\varepsilon)^n \end{aligned}$$

把此试验一次接一次地做下去, 即让 $n \to \infty$, 由于 $0 < \varepsilon < 1$, 则当 $n \to \infty$ 时, $p_n \to 1$, 这说明小概率事件 A 迟早会出现的概率为 1.

注：小概率事件应从两个方面认识它, 一方面由推断原理知道, 小概率事件在一次试验中几乎是不发生的; 另一方面, 在不断的独立重复的试验中, 小概率事件迟早发生的概率为 1. 对小概率事件忽视上述两方面中的任何一个方面都会犯错误.

第 2 章　离散型随机变量

随机变量是样本空间到实数空间的一个可测映射, 是概率论的基本概念. 用随机变量来描述随机现象是概率论中重要的方法, 而随机变量的概率分布是研究随机变量概率规律性的重要数学工具. 随机变量主要分为离散型随机变量和连续型随机变量, 本章主要介绍离散型随机变量.

2.1　离散型随机变量理论简介

2.1.1　离散型随机变量基本概念

1. 随机变量的定义

定义 2.1　设随机试验的样本空间为 $\Omega = \{\omega\}$, $X = X(\omega)$ 是定义在样本空间为 Ω、取值为实数的一个可测函数, 则称 $X = X(\omega)$ 为该试验的一个随机变量.

随机变量一般用大写字母 X, Y, Z 等表示, 而用小写字母 x, y, z 等表示一般的变量. 随机变量的取值或取值范围表示随机事件, 如 $\{X = a\} = \{\omega | X(\omega) = a\}$, $\{a < X < b\} = \{\omega | a < X(\omega) < b\}$ 都表示事件.

2. 离散型随机变量的分布律

定义 2.2　如果随机变量 X 只可能取有限个或可列无限多个不相同的值, 则称 X 为离散型随机变量.

定义 2.3　设离散型随机变量 X 所有可能取值为 $x_1, x_2, \cdots, x_n, \cdots$, 且取各个可能值的概率为

$$P(X = x_k) = p_k,\ \ k = 1, 2, \cdots \tag{2.1}$$

则称式 (2.1) 为离散型随机变量 X 的概率分布律 (或称概率分布), 简称分布律.

离散型随机变量 X 的分布律如表 2.1 所示.

表 2.1　离散型随机变量 X 的分布律

X	x_1	x_2	$\cdots$	x_n	$\cdots$
P	p_1	p_2	$\cdots$	p_n	$\cdots$

分布律有下列性质：

(1) $p_k \geqslant 0,\ k=1,2,\cdots$ (2.2)

(2) $\sum\limits_{k=1}^{+\infty} p_k = 1.$ (2.3)

3. 常见离散型随机变量

定义 2.4　如果随机变量 X 的分布律为

$$P(X=1)=p,\ \ P(X=0)=1-p \quad (0<p<1) \tag{2.4}$$

或表示为表 2.2, 则称 X 服从两点分布 ($0<p<1$ 为参数). 两点分布也称为伯努利分布.

表 2.2　两点分布

X	0	1
P	$1-p$	p

定义 2.5　如果随机变量 X 的分布律为

$$P(X=k)=\mathrm{C}_n^k p^k (1-p)^{n-k}, k=0,1,2,\cdots,n \tag{2.5}$$

其中, $0<p<1$, 则称 X 服从以 n,p 为参数的二项分布, 记为 $X\sim B(n,p)$.

定义 2.6　如果随机变量 X 的分布律为

$$P(X=k)=(1-p)^{k-1}p, k=1,2,\cdots \tag{2.6}$$

则称 X 服从参数为 p $(0<p<1)$ 的几何分布.

定义 2.7　如果随机变量 X 的分布律为

$$P(X=k)=\frac{\mathrm{C}_M^k \mathrm{C}_{N-M}^{n-k}}{\mathrm{C}_N^n}, k=0,1,2,\cdots,l \tag{2.7}$$

其中, $l=\min\{n,M\}$, 则称 X 服从参数为 N,M,n $(M\leqslant N, n\leqslant N)$ 的超几何分布.

定义 2.8　如果随机变量 X 的分布律为

$$P(X=k)=\frac{\lambda^k}{k!}\mathrm{e}^{-\lambda}, k=0,1,2,\cdots \tag{2.8}$$

则称 X 服从参数为 λ $(\lambda>0)$ 的泊松分布, 记为 $X\sim P(\lambda)$.

$X \sim B(n,p)$, 当 n 很大, p 较小时, X 近似服从泊松分布 $P(np)$, 于是二项分布的泊松近似公式为

$$P(X=k) = \mathrm{C}_n^k p^k (1-p)^{n-k} \approx \frac{(np)^k \mathrm{e}^{-np}}{k!} \tag{2.9}$$

定义 2.9 在每次独立重复伯努利试验中, 设事件 A 发生的概率为 p, 令 X 表示第 r 次成功时已进行的试验次数, 则 X 服从参数为 r, p 的负二项分布 (也叫帕斯卡分布), 记为 $X \sim NB(r,p)$, 其分布律为

$$P(X=k) = \mathrm{C}_{k-1}^{r-1} p^r (1-p)^{k-r}, k=r,r+1,r+2,\cdots \tag{2.10}$$

2.1.2 随机变量的分布函数

1. 分布函数的定义

定义 2.10 设 X 为一个随机变量, x 是任意实数, 函数

$$F(x) = P(X \leqslant x), \quad -\infty < x < +\infty \tag{2.11}$$

称为随机变量 X 的分布函数.

2. 离散型随机变量的分布函数

定义 2.11 当 X 为离散型随机变量时, 设其分布律为式 (2.1). 按照分布函数的定义, 其分布函数为

$$F(x) = \sum_{x_k \leqslant x} p_k \tag{2.12}$$

3. 分布函数的性质

对于任意的随机变量 X (包括离散型或连续型随机变量), 其分布函数具有下列性质:

(1) $F(x)$ 是一个单调非降函数, 即当 $x_1 < x_2$ 时, 有 $F(x_1) \leqslant F(x_2)$;

(2) $0 \leqslant F(x) \leqslant 1$, $F(-\infty) = 0$, $F(+\infty) = 1$;

(3) $F(x)$ 是一个右连续函数, 即对任何实数 x, 有

$$F(x+0) = \lim_{\Delta x \to 0^+} F(x+\Delta x) = F(x)$$

(4) 对任意实数 $a < b$, 有

$$P(a < X \leqslant b) = F(b) - F(a)$$

特别地, 对任何实数 x_0 有

$$P(X=x_0)=F(x_0)-F(x_0-0)$$

2.1.3　离散型随机变量函数的分布

当 X 为离散型随机变量, 其分布律为式 (2.1) 时, 设 $y=g(x)$ 是一个函数, 则随机变量 $Y=g(X)$ 的分布律为 $P(Y=y_j)=\sum\limits_{g(x_k)=y_j}p_k$, 其中 $y_j(j=1,2,\cdots)$ 是随机变量 Y 的所有可能取值.

2.1.4　多维随机变量

1. 多维随机变量的定义

定义 2.12　设 E 是随机试验, $\Omega=\{\omega\}$ 是 E 的样本空间, 而 $X_1(\omega),X_2(\omega),\cdots,X_n(\omega)$ 是定义在 Ω 上的 n 个随机变量, 则称 n 维向量

$$(X_1(\omega),X_2(\omega),\cdots,X_n(\omega))$$

为 n 维随机变量或 n 维随机向量. 通常把 $(X_1(\omega),X_2(\omega),\cdots,X_n(\omega))$ 简记为 $(X_1,X_2,\cdots,X_n)$.

2. 二维随机变量的分布函数

定义 2.13　设 (X,Y) 是二维随机变量, 对于任意的实数 x,y, 二元函数

$$\begin{aligned}F(x,y)&=P\{(X\leqslant x)\bigcap(Y\leqslant y)\}\\&\xlongequal{\text{记为}}P\{X\leqslant x,Y\leqslant y\}\end{aligned}\tag{2.13}$$

称为 (X,Y) 的分布函数, 或称为随机变量 X 与 Y 的联合分布函数.

3. 二维随机变量分布函数的基本性质

分布函数 $F(x,y)$ 具有以下的基本性质:

(1) $F(x,y)$ 是变量 x 和 y 的不减函数, 即对于任意固定的 y, 当 $x_2>x_1$ 时, 有 $F(x_2,y)\geqslant F(x_1,y)$; 对于任意固定的 x, 当 $y_2>y_1$ 时, 有 $F(x,y_2)\geqslant F(x,y_1)$.

(2) $0\leqslant F(x,y)\leqslant 1$, 且对于任意固定的 y, $F(-\infty,y)=0$; 对于任意固定的 x 有 $F(x,-\infty)=0$, $F(-\infty,-\infty)=0$, $F(+\infty,+\infty)=1$.

(3) $F(x,y)$ 关于 x 和 y 右连续, 即

$$F(x+0,y)=\lim_{\Delta x\to 0^+}F(x+\Delta x,y)-F(x,y)$$

$$F(x,y+0)=\lim_{\Delta y\to 0^+}F(x,y+\Delta y)=F(x,y)$$

(4) 对于任意的 (x_1,y_1), (x_2,y_2), $x_1<x_2$, $y_1<y_2$, 有

$$F(x_2,y_2)-F(x_2,y_1)-F(x_1,y_2)+F(x_1,y_1)\geqslant 0$$

4. 边缘分布函数

定义 2.14 给定二维随机变量 (X,Y) 的分布函数 $F(x,y)$, 则它的两个分量 X 和 Y 作为两个一维随机变量的分布函数 $F_X(x)$, $F_Y(y)$ 也随之确定, 且有

$$F_X(x)=P(X\leqslant x)=P(X\leqslant x,Y<+\infty)=F(x,+\infty)$$

即

$$F_X(x)=F(x,+\infty) \tag{2.14}$$

同理, 有

$$F_Y(y)=F(+\infty,y) \tag{2.15}$$

$F_X(x)$ 和 $F_Y(y)$ 分别称为二维随机变量 (X,Y) 关于 X 和 Y 的边缘分布函数.

由定义 2.14 可知, 边缘分布函数 $F_X(x)$ 和 $F_Y(y)$ 由联合分布函数 $F(x,y)$ 唯一确定. 但是, 反过来不一定成立.

2.1.5 二维离散型随机变量的分布

1. 联合分布律

定义 2.15 若二维随机变量 (X,Y) 的所有可能取值是有限或无穷可列对 (x_i,y_j) $(i,j=1,2,\cdots)$, 则称 (X,Y) 是二维离散型随机变量, 并称 (X,Y) 取 (x_i,y_j) 的概率

$$P\{(X=x_i)\bigcap(Y=y_j)\}\xlongequal{\text{记为}}P\{X=x_i,Y=y_j\}=p_{ij},i,j=1,2,\cdots \tag{2.16}$$

为二维随机变量 (X,Y) 的分布律或 X 与 Y 的联合分布律.

2. 联合分布律的性质

由 p_{ij} 的定义, 结合概率的性质可知:

(1) $0 \leqslant p_{ij} \leqslant 1 \quad (i,j=1,2,\cdots)$;

(2) $\sum_{i=1}^{+\infty}\sum_{j=1}^{+\infty} p_{ij}=1$.

3. 边缘分布律

定义 2.16　二维离散型随机变量 (X,Y) 的分量 X, Y 都是一维离散型随机变量, 其分布律

$$p_{i\cdot}=P(X=x_i)=P(X=x_i,Y<+\infty)=\sum_{j=1}^{+\infty}p_{ij} \quad (i=1,2,\cdots) \tag{2.17}$$

$$p_{\cdot j}=P(X=x_j)=P(X<+\infty,Y=y_j)=\sum_{i=1}^{+\infty}p_{ij} \quad (j=1,2,\cdots) \tag{2.18}$$

分别称为 (X,Y) 关于 X 和关于 Y 的边缘分布律.

2.1.6　二维离散型随机变量的条件分布

定义 2.17　设 (X,Y) 是二维离散型随机变量, 若对固定的 j, $P(Y=y_j)>0$, 则称

$$P(X=x_i|Y=y_j)=\frac{P(X=x_i,Y=y_j)}{P(Y=y_j)}=\frac{p_{ij}}{p_{\cdot j}} \ (i=1,2,\cdots) \tag{2.19}$$

为在 $Y=y_j$ 的条件下 X 的条件分布律.

同样, 若对固定的 i, $P(X=x_i)>0$, 则称

$$P(Y=y_j|X=x_i)=\frac{P(X=x_i,Y=y_j)}{P(X=x_i)}=\frac{p_{ij}}{p_{i\cdot}} \ (j=1,2,\cdots) \tag{2.20}$$

为在 $X=x_i$ 的条件下 Y 的条件分布律.

2.1.7　随机变量的独立性

定义 2.18　设二维随机变量 (X,Y) 的分布函数是 $F(x,y)$, (X,Y) 关于 X, Y 的边缘分布函数分别是 $F_X(x)$ 和 $F_Y(y)$, 若对任意的实数 x, y, 恒有

$$P\{X\leqslant x,Y\leqslant y\}=P\{X\leqslant x\}P\{Y\leqslant y\}$$

即

$$F(x,y)=F_X(x)F_Y(y)$$

则称随机变量 X 与 Y 是相互独立的.

定理 2.1 设 (X,Y) 是二维离散型随机变量, 则 X 与 Y 相互独立的充分必要条件是: 对 (X,Y) 的所有可能取值 (x_i,y_j) $(i,j=1,2,\cdots)$ 都有

$$P\{X=x_i,Y=y_j\}=P\{X=x_i\}P\{Y=y_j\}\quad(i,j=1,2,\cdots)$$

即

$$p_{ij}=p_{i\cdot}p_{\cdot j}\quad(i,j=1,2,\cdots)$$

2.1.8 二维离散型随机变量和的分布

设二维离散型随机变量 (X,Y) 的分布律为

$$P\{X=x_i,Y=y_j\}\quad(i,j=1,2,\cdots)$$

则 $Z=X+Y$ 的分布律为

$$P(Z=z_k)=\sum_i P\{X=x_i,Y=z_k-x_i\}\quad(k=1,2,\cdots)$$

或

$$P(Z=z_k)=\sum_j P\{X=z_k-y_j,Y=y_j\}\quad(k=1,2,\cdots)$$

若 X 与 Y 相互独立, 且分布律分别为

$$P(X=x_i)\quad(i=1,2,\cdots)\ 与\ P(Y=y_j)\quad(j=1,2,\cdots)$$

则 $Z=X+Y$ 的分布律为

$$P(Z=z_k)=\sum_i P\{X=x_i\}P\{Y=z_k-x_i\}\quad(k=1,2,\cdots)$$

或

$$P(Z=z_k)=\sum_j P\{X=z_k-y_j\}P\{Y=y_j\}\quad(k=1,2,\cdots)$$

2.1.9 数学期望

1. 数学期望的定义

定义 2.19　设离散型随机变量 X 的分布律为

$$p_i = P\{X = x_i\} \quad (i = 1, 2, \cdots)$$

若级数 $\sum\limits_{i=1}^{+\infty} x_i p_i$ 绝对收敛, 则称 $\sum\limits_{i=1}^{+\infty} x_i p_i$ 为随机变量 X 的数学期望, 记为 $E(X)$, 即

$$E(X) = \sum_{i=1}^{+\infty} x_i p_i \tag{2.21}$$

若 $\sum\limits_{i=1}^{+\infty} |x_i| p_i$ 发散, 则称 X 的数学期望不存在.

2. 离散型随机变量函数的数学期望

定理 2.2　设 Y 是随机变量 X 的函数, 且 $Y = g(X)$ ($g(X)$ 是连续函数). 若 X 是离散型随机变量, 它的分布律为

$$P\{X = x_i\} = p_i \quad (i = 1, 2, \cdots)$$

则当级数 $\sum\limits_{i=1}^{+\infty} g(x_i) p_i$ 绝对收敛时, 有

$$E(Y) = E[g(X)] = \sum_{i=1}^{+\infty} g(x_i) p_i \tag{2.22}$$

定理 2.3　设 Z 是随机变量 X, Y 的函数, 且 $Z = g(X, Y)$, 其中 $g(x, y)$ 是二元连续函数. 若 (X, Y) 是离散型随机变量, 其分布律为

$$P\{X = x_i, Y = y_j\} = p_{ij} \quad (i, j = 1, 2, \cdots)$$

则当级数 $\sum\limits_{i=1}^{+\infty}\sum\limits_{j=1}^{+\infty} g(x_i, y_j) p_{ij}$ 绝对收敛时, 有

$$E(Z) = E[g(X, Y)] = \sum_{i=1}^{+\infty}\sum_{j=1}^{+\infty} g(x_i, y_j) p_{ij} \tag{2.23}$$

3. 数学期望的性质

数学期望具有如下性质:

(1) 设 C 是常数, 则有 $E(C)=C$;

(2) 设 X 是一个随机变量, C 是常数, 则有 $E(CX)=CE(X)$;

(3) 设 X, Y 是两个随机变量, 则有 $E(X+Y)=E(X)+E(Y)$;

(4) 设 X, Y 是两个相互独立随机变量, 则有 $E(XY)=E(X)E(Y)$.

2.1.10 方差

1. 方差和标准差的定义

定义 2.20 设 X 是随机变量, 若 $E\left\{[X-E(X)]^2\right\}$ 存在, 则称 $E\{[X-E(X)]^2\}$ 为 X 的方差, 记为 $D(X)$ 或 $\mathrm{Var}(X)$, 即

$$D(X)=\mathrm{Var}(X)=E\left\{[X-E(X)]^2\right\} \tag{2.24}$$

而称 $\sqrt{D(X)}$ 为 X 的标准差, 记为 $\sigma(X)$, 即

$$\sigma(X)=\sqrt{D(X)} \tag{2.25}$$

除了用定义计算方差, 还常用下式计算

$$D(X)=E\left(X^2\right)-[E(X)]^2 \tag{2.26}$$

2. 方差的性质

方差具有以下的性质:

(1) 设 C 是常数, 则有 $D(C)=0$;

(2) 设 X 是一个随机变量, C 是常数, 则有 $D(CX)=C^2D(X)$;

(3) 设 X, Y 是两个随机变量, 则有

$$D(X+Y)=D(X)+D(Y)-2E\{[X-E(X)][Y-E(Y)]\}$$

特别地, 当 X 与 Y 相互独立, 则有

$$D(X+Y)=D(X)+D(Y)$$

(4) $D(X)=0$ 的充要条件是 $P\{X=E(X)\}=1$.

2.1.11　协方差与相关系数

1. 协方差与相关系数的概念

定义 2.21　设 (X,Y) 为二维随机变量, 若

$$E\{[X-E(X)][Y-E(Y)]\}$$

存在, 则称它为随机变量 X 和 Y 的协方差, 记为 $\mathrm{Cov}(X,Y)$, 即

$$\mathrm{Cov}(X,Y)=E\{[X-E(X)][Y-E(Y)]\} \tag{2.27}$$

而将

$$\frac{\mathrm{Cov}(X,Y)}{\sqrt{D(X)}\sqrt{D(Y)}}\quad (D(X)\neq 0, D(Y)\neq 0)$$

称为随机变量 X 和 Y 的相关系数, 记为 ρ_{XY}, 即

$$\rho_{XY}=\frac{\mathrm{Cov}(X,Y)}{\sqrt{D(X)}\sqrt{D(Y)}} \tag{2.28}$$

将 $\mathrm{Cov}(X,Y)$ 的定义式展开, 易得

$$\mathrm{Cov}(X,Y)=E(XY)-E(X)E(Y) \tag{2.29}$$

这是计算协方差的常用公式.

2. 协方差和相关系数的性质

1) 协方差的性质

协方差具有如下性质:

(1) $\mathrm{Cov}(X,X)=D(X)$;

(2) $\mathrm{Cov}(X,Y)=\mathrm{Cov}(Y,X)$;

(3) $\mathrm{Cov}(X,a)=0$, 其中 a 是常数;

(4) $\mathrm{Cov}(X_1+X_2,Y)=\mathrm{Cov}(X_1,Y)+\mathrm{Cov}(X_2,Y)$;

(5) $\mathrm{Cov}(aX,bY)=ab\mathrm{Cov}(X,Y)$, 其中 a, b 是常数.

2) 相关系数的性质

相关系数具有如下性质:

(1) 若 X 和 Y 相互独立, 则 $\rho_{XY}=0$;

(2) $|\rho_{XY}|\leqslant 1$

(3) $|\rho_{XY}|=1$ 的充要条件是 X 与 Y 之间有严格的线性关系, 即存在常数 a, b, 使 $Y=a+bX$.

3) 不相关的定义

定义 2.22 若 $\rho_{XY}=0$, 则称 X 与 Y 不相关.

若 X 与 Y 相互独立, 则 X 与 Y 不相关. 但是, 由 X 与 Y 不相关不能得出 X 与 Y 相互独立.

4) 矩

定义 2.23 若 X 为随机变量, 且

$$\alpha_n = E\left(X^n\right) \quad (n=1,2,\cdots)$$

存在, 则称它为 X 的 n 阶原点矩.

若 $\mu_n = E\left\{\left[X-E\left(X\right)\right]^n\right\} \quad (n=1,2,\cdots)$ 存在, 则称它为 X 的 n 阶中心矩.

定义 2.24 设 (X,Y) 为二维随机变量, k、l 为非负整数. 若

$$\alpha_{kl} = E\left(X^k Y^l\right)$$

存在, 则称它为 (X,Y) 的 $k+l$ 阶混合原点矩.

若 $\mu_{kl} = E\left\{\left[X-E\left(X\right)\right]^k\left[Y-E\left(Y\right)\right]^l\right\}$ 存在, 则称它为 (X,Y) 的 $k+l$ 阶混合中心矩.

2.2 应用案例分析

2.2.1 新药的治疗效果问题

例 2.1 某科研机构宣称, 其研制的新药对某种疾病的治愈率达 90%, 现对 10 位临床患者试验此药, 结果只有 4 人痊愈, 那么这是否反映出新药的治疗效果存在问题?

解 先假设治愈率 $p=0.9$. “临床患者试验此药后是否治愈” 可认为是独立的, 因此 “10 位临床患者试验此药是否治愈” 是一个 $n=10, p=0.9$ 的伯努利试验.

设痊愈人数为随机变量 X, 则 $X \sim B\left(10, 0.9\right)$, 因而有

$$P\left(X=4\right) = \mathrm{C}_{10}^{4} \times 0.9^4 \times 0.1^6 \approx 0.0001$$

计算结果表明, 在治愈率 $p=0.9$ 的假定下, 平均每 10000 次药物试验, 有 1 次出现 “10 位患者 4 人治愈” 的情况, 而现在一次试验就出现了这种罕见现象, 根据小概率原理, 有理由认为此科研机构对其新药的治愈率期望过高.

另外, 该方法也可用于解决如下问题: 某销售公司与 10 位客户有业务往来, 据公司调查统计, 每一位客户在 1min 内平均占线 12s, 并且每位客户任意时刻是否使用电话是相互独立的. 为保证任意时刻每位客户打电话时能接通的概率不小于 0.99, 公司应当装多少条线路?

解　已知每位客户任意时刻打电话的概率为 $\dfrac{12}{60}=\dfrac{1}{5}$, 而且每位客户在任意时刻是否打电话是相互独立的. 设在 10 位客户中, 任意时刻打电话的客户的个数为随机变量 X, 则 $X\sim B\left(10,\dfrac{1}{5}\right)$, 并且有

$$P(X\leqslant x)=\sum_{k=0}^{x}\mathrm{C}_{10}^{k}\left(\frac{1}{5}\right)^{k}\left(\frac{4}{5}\right)^{10-k}\geqslant 0.99 \tag{2.30}$$

设公司有 x 条线路, 则至少 $x=5$ 时, 式 (2.30) 成立. 即公司应当至少装 5 条线路, 才能够保证在任意时刻每位客户打电话时能接通的概率不小于 0.99.

2.2.2　高尔顿钉板试验的模拟

例 2.2　高尔顿钉板如图 2.1 所示, 其中每一个黑点表示钉在板上的一颗钉子, 相邻钉子的距离均相等, 上一层的每一颗钉子的水平位置恰好位于下一层的两颗钉子的正中间. 从入口处放进一个直径略小于两颗钉子之间的距离的玻璃小圆球, 在小圆球向下降落的过程中, 碰到钉子后以 0.5 的概率向左或向右滚下, 于是又碰到下一层钉子. 如此继续下去, 直到滚到底板的一个格子内为止. 把同样大小的小圆球不断从入口处放下, 只要球的数目相当大, 它们在底板将堆成近似于正态分布的密度函数图形 (即中间高, 两头低, 呈左右对称的古钟型). 这是英国生物统计学家高尔顿设计的用来研究频率稳定性的模型, 称为高尔顿钉板 (或高尔顿板). 这里给出 9 层高尔顿钉板试验设计：小圆球自顶部落下, 在每一层遭遇隔板, 以 0.5 的概率向左右下落, 底部 9 个隔板, 形成 10 个槽. 模拟 10000 个小圆球依次落下, 估计高尔顿钉板的板底各槽中小圆球数量.

解　设随机事件 A 表示小圆球向右落下, 则 A 出现的概率为 0.5. 小圆球从顶部落下, 落到底部的过程要碰到 9 个钉子, 分别以 0.5 的概率向左右落下. 对底部 10 个槽从左到右依次编码为 0, 1, 2, 3, 4, 5, 6, 7, 8, 9. 如果小圆球碰到 9 个钉子皆向左落, 则它落入 0 号槽; 如果碰到 9 个钉子小圆球皆向右落, 则它最后落入 9 号槽; 如果碰到的 9 个钉子有向左落的, 也有向右落的, 可以验证, 在这种情况下, 小圆球最后落入的槽号恰好是其中向右落的钉子的个数. 例如, 如果小圆球下落过程中碰到的 9 颗钉子中有 6 颗向左落, 3 颗向右落, 则小圆球最终落入 3 号槽. 这

是典型的 9 重伯努利试验, 结果可以由对 9 次伯努利试验求和得到. 10000 个小球中落入 10 个槽内的小球数对应于随机变量 X 取值 0, 1, 2, 3, 4, 5, 6, 7, 8, 9 的次数. 因此创建 9 行 10000 列的 0-1 随机矩阵 (矩阵有 90000 个元素, 每个元素非 0 即 1, 取 0 和 1 的概率皆为 0.5), 对行求和便得到 10000 次 9 重伯努利试验结果. 计算机模拟小球落入 10 个槽的次数列在表 2.3 中.

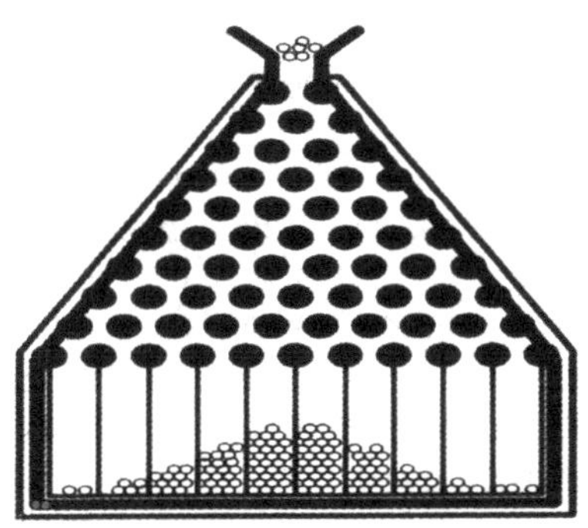

图 2.1 高尔顿钉板

表 2.3 9 重伯努利试验结果

X	0	1	2	3	4	5	6	7	8	9
出现次数	22	185	719	1627	2459	2458	1630	730	152	18

随机变量 X 取值为 0, 对应圆球落入 0 号槽 (第一个槽); ……; X 取值为 9, 对应小圆球落入 9 号槽 (最后一个槽). 条形图显示频率如图 2.2 所示.

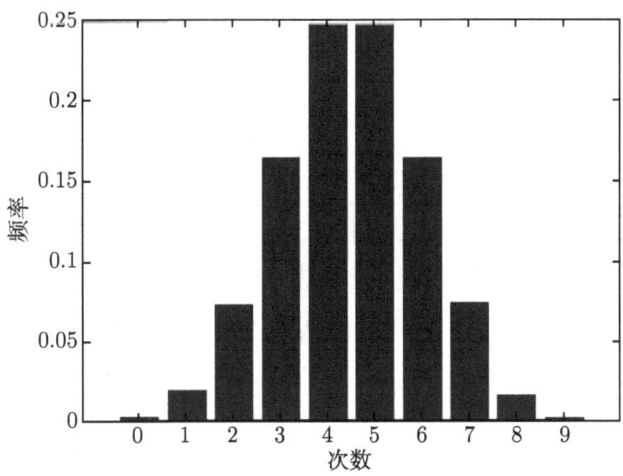

图 2.2 9 重伯努利试验条形图

注: 在高尔顿钉板试验中, 每个小圆球从顶部落下, 落入的槽号是对二项分布

的一次抽样所得数值.

思考：图 2.2 是否与正态分布有联系, 为什么？(提示：可考虑中心极限定理).

2.2.3 遗传学中的一些概率计算

例 2.3 豚鼠的毛色由一对等位基因控制, 黑色为显性 (基因型用 B 表示), 白色为隐性 (基因型用 b 表示). 如果杂合型黑色豚鼠 (基因型为 Bb) 相互交配, 则

(1) 4 个后代表现型依次为黑、黑、黑和白的概率是多少？

(2) 4 个后代是 3 黑和 1 白 (不按顺序) 的概率是多少？

(3) n 个后代, 出现 k 只黑色豚鼠的概率是多少？

解 (1) 杂合型黑色豚鼠 (Bb) 相互交配, 其后代的基因型可能为 Bb, BB, bB, bb, 各占 $\dfrac{1}{4}$ 的概率, 因此黑色后代的概率为 $p=\dfrac{3}{4}$, 白色后代的概率为 $q=\dfrac{1}{4}$, 则 4 个后代依次为黑、黑、黑和白的概率为

$$p\times p\times p\times q=\left(\frac{3}{4}\right)^{3}\left(\frac{1}{4}\right)^{1}=\frac{27}{256}$$

(2) 设 4 个后代中黑色豚鼠的个数为 X, $X\sim B\left(4,\dfrac{3}{4}\right)$, 则后代有 3 黑 1 白的概率为

$$P\left(X=3\right)=\mathrm{C}_4^3\left(\frac{3}{4}\right)^{3}\left(\frac{1}{4}\right)^{1}=\frac{81}{256}$$

(3) 设 n 个后代中出现黑色豚鼠的个数为 X, $X\sim B\left(n,\dfrac{3}{4}\right)$, 则所求概率为

$$P\left(X=k\right)=\mathrm{C}_n^k\left(\frac{3}{4}\right)^{k}\left(\frac{1}{4}\right)^{n-k}$$

例 2.4 在孟德尔的豌豆杂交试验中, 基因型为 YyRr (独立遗传) 的黄色圆粒植株自交, 后代的基因型中显性基因个数为 3 个的概率是多少？

解 自交后代的基因型中出现显性基因 Y 或 R 的概率为 $p=\dfrac{1}{2}$, 出现隐性基因 y 或 r 的概率为 $q=\dfrac{1}{2}$, 本例只考虑 F2 个体基因型中的 2 对等位基因, 即 $n=4$. 设 X 为显性基因的个数, 则 $X\sim B\left(4,\dfrac{1}{2}\right)$, 因而 F2 个体基因型中显性基因有 3 个的概率为

$$P\left(X=3\right)=\mathrm{C}_4^3\left(\frac{1}{2}\right)^{3}\left(\frac{1}{2}\right)^{1}=\frac{1}{4}$$

例 2.5 根据孟德尔遗传规律, 红黄两种番茄杂交产生的 F2 代中, 结红果植株和结黄果植株的比率为 3:1, 现种植杂交种 400 株, 试求结黄果植株不超过 100 株的概率.

解 设 400 株 F2 代中结黄果植株的个数为 X, $X \sim B\left(400, \dfrac{1}{4}\right)$, 则结黄果植株不超过 100 株的概率为

$$P(X \leqslant 100) = \sum_{k=0}^{100} \mathrm{C}_{400}^{k} \left(\frac{1}{4}\right)^{k} \left(\frac{3}{4}\right)^{400-k}$$

直接计算以上概率比较烦琐, 应用中心极限定理可得

$$\begin{aligned} P(X \leqslant 100) &= P(0 \leqslant X \leqslant 100) \\ &\approx P(0 < X \leqslant 100) \\ &= \Phi\left(\frac{100 - 400 \times 0.25}{\sqrt{400 \times 0.25 \times 0.75}}\right) - \Phi\left(\frac{0 - 400 \times 0.25}{\sqrt{400 \times 0.25 \times 0.75}}\right) \\ &= \Phi(0) - \Phi(-11.54) \approx 0.5 \end{aligned}$$

例 2.6 用棕色正常毛 (bbRR) 家兔和黑色短毛 (BBrr) 兔杂交, F1 代为黑色正常毛 (BbRr) 家兔, F1 代自交, F2 代表型为 B_R_, B_rr, bbR_和 bbrr, 概率分别为 $\dfrac{9}{16}$, $\dfrac{3}{16}$, $\dfrac{3}{16}$ 和 $\dfrac{1}{16}$. 至少需要多少 F2 代家兔, 才能以 99%的概率得到 1 只棕色短毛兔?

解 此例即所谓 "反概率计算" 问题. F2 代棕色短毛兔出现的概率为 $p = \dfrac{1}{16}$, 而非棕色短毛兔出现的概率为 $q = 1 - p = \dfrac{15}{16}$. 假设需要 n 只家兔, n 只家兔中棕色短毛兔的个数为 X, 则 $X \sim B(n, p)$. 因此, n 只兔子中有 0 只棕色短毛兔 (n 只全为非棕色短毛兔) 的概率为

$$P(X = 0) = \mathrm{C}_{n}^{0} \left(\frac{1}{16}\right)^{0} \left(\frac{15}{16}\right)^{n}$$

而至少有一只棕色短毛兔的概率要不小于 0.99, 即

$$1 - P(X = 0) = 1 - \mathrm{C}_{n}^{0} \left(\frac{1}{16}\right)^{0} \left(\frac{15}{16}\right)^{n} \geqslant 0.99$$

解之得 $n \approx 71.4$. 因此, 至少需要 72 只 F2 代家兔, 才能以 99%的概率得到 1 只棕色短毛兔.

二项分布在遗传学上的应用还有许多例子, 不妨思考以下问题:

(1) 人类的白化病是由隐性基因 (aa) 控制的一种遗传病, 一个患者的双亲外观都正常, 假设该对夫妇又生 4 个孩子, 求这 4 个孩子肤色表现型的各种组合.

(2) 果蝇的红眼 (X) 对白眼 (Y) 是显性. 现选择一个基因型为 XY 红眼雌果蝇与一个基因型为 XY 的红眼雄果蝇交配, 可能会产生出 5 个后代, 预测 5 个子代的眼色表现型的各种组合.

2.2.4　α 粒子的计数

例 2.7　在某物理实验中, 对放射性物质镭所发出的 α 粒子进行了计数. 共记录了每个长为 7.5s 的时段观测到的 α 粒子的个数, 观测了 $n = 2608$ 个时段. 如表 2.4 所示, k 表示观测到的 α 粒子的个数, ν_k 为 k 个 α 粒子的时段频数, 即实验值. 例如, 表中实验值 57 表示有 57 个 7.5s 时段镭放射出了 0 个 α 粒子, 实验值 203 表示有 203 个 7.5s 时段镭放射出了 1 个 α 粒子, 以此类推. 那么, 用什么概率模型来近似放射出的粒子数? 并评价模型是否适合.

表 2.4　试验值与理论值对照表

k	ν_k (实验值)	$n \times P(k;\ 3.87)$ (理论值)
0	57	54.399
1	203	210.523
2	383	407.361
3	525	525.496
4	532	508.418
5	408	393.515
6	273	253.817
7	139	140.325
8	45	67.882
9	27	29.189
$\geqslant 10$	16	17.076
总计	2608	2608.001

解　已知在这 2608 个 7.5s 时段共记录了 10096 个 α 粒子 (注意从表 2.4 可以发现: $10096 \approx 0 \times 57 + 1 \times 203 + \cdots + 10 \times 16 = 10086$, 两者近似相等而不是相等的原因是放射出 10 个 (包括 10 个) 以上粒子的时段合并到一起了). 平均每个长为 7.5s 的时段记录了 $3.87 \approx \dfrac{10096}{2608}$ 个粒子. 以此作为泊松分布参数 λ 的估计值

(矩估计值), 也就是说, 认为每个时段放射出的 α 粒子服从 $P(3.87)$ 分布. 据此, 对不同的 k 计算出放射出 k 个粒子的时段的理论值:

$$n \times p(k;\ 3.87) = 2608 \times \frac{3.87^k \times \mathrm{e}^{-3.87}}{k!}$$

表 2.4 对照地列出了频数的试验值与理论值, 可见它们非常接近. 这就说明以泊松分布作为放射性粒子数的概率模型是合适的.

注: 在概率论中, 除了放射性物质发射出的粒子数, 另外诸如服务系统中对服务的呼唤数、产品的缺陷 (如布匹上的疵点) 数、一定时期内出现的稀有事件 (如意外事故、灾害等) 等都以泊松分布为其概率模型. 泊松分布广泛存在于社会生活的许多方面, 它在运筹学及管理科学中也占有突出的地位.

2.2.5 饮用水中的细菌数

例 2.8 为监测饮用水的污染情况, 现检验某社区每毫升饮用水中的细菌数, 共得 400 个记录, 如表 2.5 所示.

表 2.5 某社区每毫升饮用水中的细菌数

细菌数	0	1	2	$\geqslant 3$	合计
次数	243	120	31	6	400

试分析饮用水中细菌数的分布是否服从泊松分布. 若服从, 按泊松分布计算每毫升饮用水中细菌数的概率及理论次数, 并将频率分布与泊松分布直观比较.

解 经计算得每毫升水中平均细菌数 $\overline{x} = 0.500$, 方差 $s^2 = 0.496$, 两者很接近, 因为泊松分布的均值和方差相等, 故可以认为每毫升饮用水中的细菌数服从泊松分布. 以 $\overline{x} = 0.500$ 估计泊松分布的参数 λ, 得

$$P(X = k) = \frac{0.5^k}{k!}\mathrm{e}^{-0.5}, \quad k = 0, 1, 2, \cdots$$

计算结果如表 2.6 所示, 比较表中次数与理论次数两行的数据, 频率与概率两行的数据, 可见细菌数的频率分布与 $\lambda = 0.5$ 的泊松分布是相当吻合的, 进一步说明了用泊松分布来描述单位容积饮用水中的细菌数的分布是适合的.

注: 泊松分布的分布律如图 2.3 所示, 泊松分布的特征如下:

(1) 泊松分布是一种描述和分析稀有事件的概率分布. 要观测到这类事件, 样本量 n 必须较大.

(2) λ 是泊松分布所依赖的唯一参数. λ 值越小, 分布越偏倚, 随着 λ 的增大, 分布趋于对称.

(3) 当 $\lambda = 20$ 时, 泊松分布接近于正态分布; 当 $\lambda = 50$ 时, 可以认为泊松分布呈正态分布. 在实际工作中, 当 $\lambda \geqslant 20$ 时就可以用正态分布来近似地处理泊松分布的问题.

(4) 泊松分布还有一个显著特征就是其均值与方差相等.

表 2.6 每毫升饮用水中细菌数的泊松分布

细菌数	0	1	2	$\geqslant 3$	合计
次数	243	120	31	6	400
频率	0.6075	0.3000	0.0775	0.0150	1.00
概率	0.6065	0.3033	0.0758	0.0144	1.00
理论次数	242.60	121.32	30.32	5.76	400

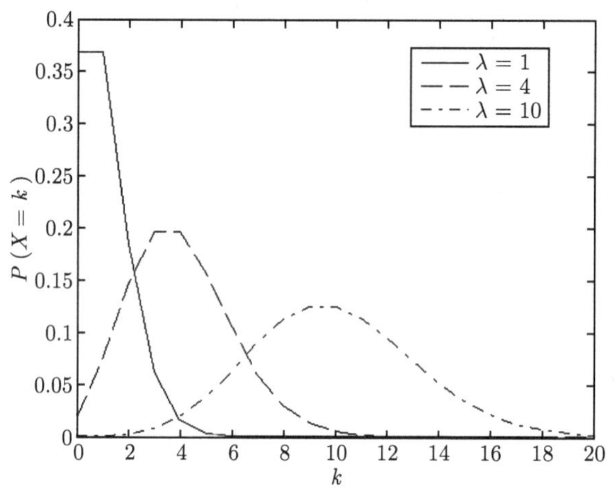

图 2.3 泊松分布的分布律

2.2.6 航空安全问题

例 2.9 在 "时间就是金钱" 的今天, 出差、旅游喜欢乘坐飞机的人越来越多, 以最大限度地节省时间. 但是, 空难事故也随之增加. 假设近 30 年 A 国空难的发生情况如表 2.7 所示. 表中每一年发生的空难次数为 0, 频数为 13, 表示 30 年中有 13 年没有发生空难; 每一年发生的空难次数为 1, 频数为 10, 表示 30 年中有 10 年每年恰有 1 次空难发生, 以此类推. 从表 2.7 中不难看出, 在这 30 年里 A 国共发生 30 次空难, 平均每年发生一次, 其中有一年发生了 5 次空难, 是次数最多的一年. 这一年发生这么多次空难, 是巧合还是表示航空安全正在恶化?

表 2.7 近 30 年 A 国空难的发生情况

每一年发生的空难次数	频数 (观测值)
0	13
1	10
2	3
3	3
4	0
5	1
$\geqslant 6$	0

解 下面用泊松分布来解释这个问题. 空难是小概率事件, 假定 A 国空难这个事件满足泊松分布的两个特点: ① 空难发生是相互独立的, 不会互相影响; ② 每次空难的发生概率是稳定的. 显然, 第二个条件是关键, 如果成立, 就说明 A 国的航空安全并没有在恶化, 它发生的概率是稳定的; 如果不成立, 则说明 A 国的航空安全正在恶化. 由表 2.7 可知 A 国平均每年发生空难的次数是 1 次, 故参数 $\lambda=1$. 若用 X 表示 A 国每年的空难次数, 则 X 近似服从参数 $\lambda=1$ 的泊松分布. 因此 30 年中一年发生 2 次空难的年份的估计值为

$$30\times P(X=2)=30\times\frac{\mathrm{e}^{-1}1^2}{2!}\approx 5.518$$

类似地可计算出频数估计值. 由表 2.8 中的观测值和泊松分布的估计值, 可得图 2.4.

表 2.8 近 30 年 A 国空难频数的观测值与泊松分布的估计值

每一年发生的空难次数	频数观测值	频数估计值
0	13	11.04
1	10	11.04
2	3	5.518
3	3	1.84
4	0	0.46
5	1	0.1
$\geqslant 6$	0	0

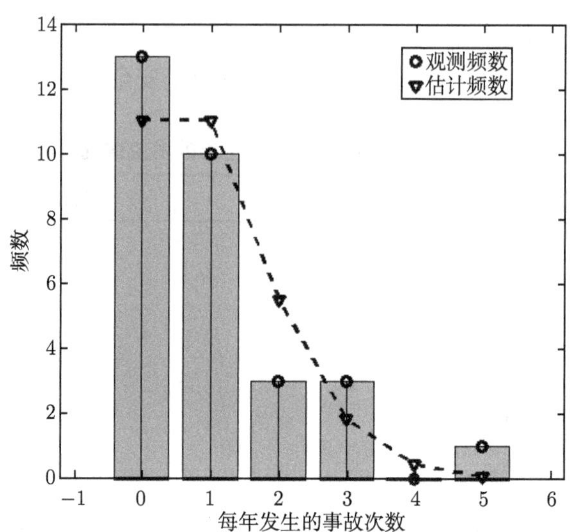

图 2.4　观测频数与泊松分布估计频数的拟合图

图 2.4 中的条形柱上的小圆圈是实际的观测值, 虚线上的三角形是理论的估计值. 可以发现, 观测值与估计值还是比较接近的. 上面是从图形的拟合来判断观测值和估计值很接近, 下面利用 R 软件进行 "卡方检验"(chi-square test), 检验观测值与估计值之间是否存在显著差异.

R 软件的运行结果如下:

Pearson's Chi-squared test

data: x

X-squared=10.006, df=5,

p-value=0.0761

结果中的 x 代表的是表 2.8 中的观测值, 从卡方检验的结果发现 p 值为 0.0761, 比显著性水平 0.05 大, 因此认为观测值与估计值没有显著性差别. 另外, 由运行结果可知卡方统计量等于 10.006. 查卡方分布表后得到置信水平为 0.95、自由度为 5 的卡方分布临界值为 11.07. 因此, 卡方统计量小于临界值, 这也表明 A 国发生空难的观测值与估计值之间没有显著差异. 因此, 可以接受 "A 国发生空难的概率是稳定的" 的假设, 也就是说, 从统计学上不能得到航空安全正在恶化的结论. 但是, 必须看到, 卡方统计量 10.006 离临界值 11.07 较近, p 值为 0.0761 仅稍大于检验水平 0.05, 接受原假设是会冒一定的风险的.

可以进一步思考以下问题:

检查了一本小说的 100 页, 记录各页中错误的个数, 其结果如表 2.9 所示. 取显著性水平 $\alpha=0.05$, 能否认为一页书的错误个数 X 服从泊松分布?

表 2.9 书中错误的个数与频数

错误的个数 x_i	0	1	2	3	4	5	6	$\geqslant 7$
含 x_i 个错误的页数	36	40	19	2	0	2	1	0

2.2.7 交通事故概率的计算

例 2.10 通过某路口的每辆汽车发生事故的概率为 $p=0.0001$, 假设在某段时间内有 1000 辆汽车通过此路口, 试求在此段时间内发生事故次数 X 的概率分布和发生 2 次以上事故的概率.

解 观测通过路口的 1000 辆汽车发生事故与否, 可视为是重复次数为 $n=1000$ 的伯努利试验, 出现事故的概率为 $p=0.0001$, 因此 X 是服从二项分布的, 即 $X\sim B(1000,0.0001)$.

$$\mathrm{Q}=P(X\geqslant 2)=1-P(X=0)-P(X=1)$$

由于 $n=1000$ 很大, 且 $p=0.0001$ 很小, 上式的计算工作量较大, 利用泊松分布的性质, 上面的二项分布可由参数 $\lambda=np=1000\times 0.0001=0.1$ 的泊松分布来近似, 因此有

$$\mathrm{Q}=P(X\geqslant 2)\approx 1-\frac{0.1^0}{0!}\mathrm{e}^{-0.1}-\frac{0.1^1}{1!}\mathrm{e}^{-0.1}\approx 0.0045$$

类似可以思考以下问题:

(1) 经调查, 在某国中, 患色盲者占 0.25%, 试求:

① 为发现一例色盲患者至少需要检查 25 人的概率;

② 为使发现色盲患者的概率不小于 0.9, 至少要对多少人的辨色力进行检查?

(2) 某超市拟采用科学管理, 由该商店过去的销售记录知道, 某种商品每月的销售数量可以用参数 $\lambda=5$ 的泊松分布来描述, 现为了以 95%以上的把握保证商品不脱销, 商店在月底至少应进该种商品多少件?

2.2.8 企业考核问题

例 2.11 某工业系统在进行安全管理评选时, 有两家企业在其他方面的得分相等, 难分高下, 只剩下千人事故率这个指标. 甲企业有 2000 人, 发生事故概率为

0.005, 即发生事故 10 起; 乙企业有 1000 人, 发生事故率也为 0.005, 即发生事故 5 起. 那么应该评选哪家企业为先进企业呢?

解　假设安全管理中的事故数是服从泊松分布的. 服从泊松分布的随机变量 X 取 k 值的概率为

$$P(X=k)=\frac{\lambda^k}{k!}\mathrm{e}^{-\lambda},\quad k=0,1,2,\cdots$$

其中, $\lambda=np$ (n 为人数, p 为平均事故概率). 事件发生至少 x 次的概率为

$$P(X\geqslant x)=\sum_{k=x}^{\infty}\frac{\lambda^k}{k!}\mathrm{e}^{-\lambda}$$

若 $x=0$, 则上式 $P(X\geqslant 0)=1$ 成为必然事件.

现两企业事故发生数的泊松分布参数 λ 分别为 10 和 5, 故两企业发生事故的概率分别为

$$P_{甲}(X=k)=\frac{10^k}{k!}\mathrm{e}^{-10},\quad P_{乙}(X=k)=\frac{5^k}{k!}\mathrm{e}^{-5}$$

可以用下面的公式来计算两企业的得分:

$$得分=10\times P(X\geqslant k)$$

其中, k 表示实际发生的事故次数. 由此可知没有发生事故的得分为 10, 发生无限次事故的得分为 0 (现实中不可能发生无限次事故, 但只要发生的事故足够多, 得分就足够小). 得分越大越好, 越小越差, 且得分随着事故次数的增加而减少. 又

$$发生\ k\ 次事故的得分\ -\ 发生\ k+1\ 次事故的得分\ =10\times P(X=k)$$

因此, 得分减少量与事故发生的概率成正比. 分析表明, 用上面的得分公式计算得分是合理的.

查泊松分布表, 可以算得两企业的得分如表 2.10 所示. 由表 2.10 可知, 甲企业发生 10 起事故得 5.42 分, 乙企业发生 5 起事故得 5.60 分, 故应评选乙企业为先进.

表 2.10　甲、乙两企业得分表　(单位: 分)

事故次数	0	1	2	3	4	5	6	7	8	9	10
甲企业	10	10	10	9.97	9.9	9.71	9.33	8.7	7.80	6.67	5.42
乙企业	10	9.93	9.6	8.75	7.34	5.60	3.84	2.37	1.33	0.68	0.32

注：在本案例中, 如果按事故数来评, 则应评乙企业为先进, 但甲企业可能不服, 原因是甲企业的事故数虽然是乙企业的 2 倍, 但甲企业的人数正好是乙企业的 2 倍. 按事故率来评, 两企业都应榜上有名. 由于指标限制, 只能评出一家企业, 因此可以考虑用泊松分布来解决这个问题.

2.2.9 赌注问题

例 2.12 甲、乙两人各下赌注 d 元, 商定先胜三局者赢得全部赌金. 假定在一局中两人获胜的机会相等, 且每局中胜负相互独立. 如果当甲胜一局而乙尚未获胜时赌博被迫中止, 赌注应当怎么分?

解 用 X 表示独立重复贝努利试验中事件 A 第 r ($r \geqslant 1$, 为参数) 次发生时已进行的试验次数, 则

$$P(X=k)=\mathrm{C}_{k-1}^{r-1}p^{r}(1-p)^{k-r}$$

则称随机变量 X 服从参数为 r, p 的负二项分布, 记为 $X \sim \mathrm{NB}(r,p)$. 甲先胜三局的概率可以用负二项分布 (也称为帕斯卡分布) 来计算.

设 X 为甲第 2 次获胜时已进行的试验次数, 则 $X \sim \mathrm{NB}\,(2, 0.5)$. 这样可得甲将赢得全部赌金的概率为

$$\begin{aligned}
P(\text{甲先胜三局}) &= P(2 \leqslant X \leqslant 4) \\
&= \sum_{k=2}^{4} P(X=k) = \sum_{k=2}^{4} \mathrm{C}_{k-1}^{1} \times 0.5^{2} \times 0.5^{k-2} \\
&= \mathrm{C}_{1}^{1} \times 0.5^{2} \times 0.5^{0} + \mathrm{C}_{2}^{1} \times 0.5^{2} \times 0.5^{1} + \mathrm{C}_{3}^{1} \times 0.5^{2} \times 0.5^{2} \\
&= \frac{11}{16}
\end{aligned}$$

从而乙将赢得全部赌金的概率为 $\dfrac{5}{16}$. 因此, 总额为 $2d$ 的赌注应按 11:5 的比例分给甲、乙两人.

另外, 在概率论的历史上还有一个问题与负二项分布有关, 这就是巴拿赫火柴问题：某人口袋里有两盒火柴, 开始时每盒各装 n 根, 每次他从口袋中任取一盒并使用其中的一根. 求此人掏出一盒发现已空, 而另一盒剩余 m 根的概率.

解 记随机事件 $E=\{$ 掏出甲盒已空而乙盒尚余 m 根火柴 $\}$. 由对称性可知所求概率为 $2P(E)$. 以取出甲盒为 “成功”, 这是一个事件 $A=\{$ 掏出甲盒 $\}$ 的发生概率为 $p=0.5$ 的独立重复伯努利试验, 而 $E=\{$ 事件 A 第 $n+1$ 次发生出现在

第 $2n-m+1$ 次试验 }. 另外可知, 事件 A 第 $n+1$ 次出现时已进行的试验次数服从 $r=n+1$, $p=0.5$ 的负二项分布. 由负二项分布的分布律可知所求概率为

$$\begin{aligned} 2P(E) &= 2\mathrm{C}_{2n-m}^{n}\left(\frac{1}{2}\right)^{n+1}\left(\frac{1}{2}\right)^{2n-m+1-(n+1)} \\ &= \mathrm{C}_{2n-m}^{n}2^{m-2n} \end{aligned}$$

2.2.10 婴儿出生问题

例 2.13 记 X 为某医院一天出生的婴儿个数, 记 Y 为其中的男婴个数. 设 (X,Y) 的联合分布律为

$$P(X=n,Y=m)=\frac{\mathrm{e}^{-14}7.14^{m}6.86^{n-m}}{m!(n-m)!} \tag{2.31}$$

其中, $m=0,1,\cdots,n$; $n=0,1,\cdots$. 求:

(1) 边缘分布律;

(2) 条件分布律;

(3) 当 $X=20$ 时, Y 的条件分布律.

解 (1) X 的边缘分布律为

$$\begin{aligned} P(X=n) &= \sum_{m=0}^{n} P(X=n,Y=m) \\ &= \sum_{m=0}^{n}\frac{\mathrm{e}^{-14}(7.14)^{m}(6.86)^{n-m}}{m!(n-m)!} \\ &= \frac{\mathrm{e}^{-14}}{n!}\sum_{m=0}^{n}\mathrm{C}_{n}^{m}(7.14)^{m}(6.86)^{n-m} \\ &= \frac{\mathrm{e}^{-14}}{n!}(7.14+6.86)^{n} \\ &= \frac{14^{n}\mathrm{e}^{-14}}{n!} \quad (n=0,1,2,\cdots) \end{aligned} \tag{2.32}$$

Y 的边缘分布律为

$$\begin{aligned} P(Y=m) &= \sum_{n=m}^{+\infty} P(X=n,Y=m) \\ &= \frac{\mathrm{e}^{-14}(7.14)^{m}}{m!}\sum_{n=m}^{+\infty}\frac{(6.86)^{n-m}}{(n-m)!} \\ &= \frac{\mathrm{e}^{-14}(7.14)^{m}}{m!}\mathrm{e}^{6.86} \end{aligned}$$

$$= \frac{\mathrm{e}^{-7.14}}{m!}(7.14)^m \quad (m = 0, 1, 2, \cdots) \tag{2.33}$$

即 $X \sim P(14)$, $Y \sim P(7.14)$.

(2) $P(Y = m|X = n) = \dfrac{P(X = n, Y = m)}{P(X = n)}$

$$= \frac{\dfrac{\mathrm{e}^{-14}(7.14)^m(6.86)^{n-m}}{m!(n-m)!}}{\dfrac{\mathrm{e}^{-14}(14)^n}{n!}}$$

$$= \frac{n!}{m!(n-m)!}\left(\frac{7.14}{14}\right)^m\left(\frac{6.86}{14}\right)^{n-m}$$

$$= \mathrm{C}_n^m(0.51)^m(0.49)^{n-m} \quad \begin{pmatrix} n = 0, 1, 2, \cdots \\ m = 0, 1, 2, \cdots, n \end{pmatrix} \tag{2.34}$$

$$P(X = n|Y = m) = \frac{P(X = n, Y = m)}{P(Y = m)}$$

$$= \frac{(6.86)^{(n-m)}}{(n-m)!}\mathrm{e}^{-6.86} \quad \begin{pmatrix} m = 0, 1, 2, \cdots \\ n = m, m+1, \cdots \end{pmatrix} \tag{2.35}$$

在婴儿个数为 n 的条件下, 男婴个数服从 $B(n, p)$, $p = 0.51$; 在男婴个数为 m 的条件下, 婴儿个数 X 服从参数 $\lambda = 6.86$ 的泊松分布, 因此女婴个数 $X - Y$ 也服从同样的分布, 这是由于

$$P(X = n|Y = m) = P(X - Y = n - m|Y = m)$$

(3) $X = 20$ 时, Y 的条件分布律为

$$P(Y = m|X = 20) = \mathrm{C}_{20}^m (0.51)^m (0.49)^{20-m}, \quad m = 0, 1, 2, \cdots, 20$$

显然, 式 (2.31) 所示的联合分布律不等于式 (2.32) 和式 (2.33) 所示的两个边缘分布律的乘积, 因此婴儿个数和男婴个数不独立. 另外, 式 (2.32) 所示的婴儿个数的边缘分布律不等于式 (2.35) 所示婴儿个数的条件分布律, 式 (2.33) 所示男婴个数的边缘分布律也不等于式 (2.34) 所示男婴个数的条件分布律, 都说明了两个随机变量的非独立性. 这也符合人们的直观, 因为男婴包含在婴儿之内, 当然不能相互独立了.

注意到本案例给出了男婴个数和婴儿个数的联合分布律, 还求出了给定条件下女婴个数的条件分布律, 即式 (2.35), 那么女婴个数的边缘分布律是什么? 男婴个数和女婴个数独立吗?

2.2.11　出海捕鱼问题

例 2.14　某捕鱼队面临着第二天是否出海捕鱼的选择. 若出海遇到好天气, 就可以得到 50000 元的收益; 若出海后遇到坏天气, 则将损失 20000 元; 如果不出海, 无论天气如何, 都要承受 10000 元损失费. 由天气预报部门得知下个星期天气好的概率为 0.6, 天气坏的概率为 0.4, 为获取较高收益, 应如何选择最佳方案?

解　设选择出海方案为 A, 不出海方案为 B, $E(A)$ 和 $E(B)$ 分别为两个方案的期望收益, 则

$$E(A) = 50000 \times 0.6 + (-20000) \times 0.4 = 22000 \ (\text{元})$$

$$E(B) = -10000 \ (\text{元})$$

据此判断出海捕鱼是最佳方案, 其收益期望值为 22000 元.

显然, 由于两种天气状态以一定的概率出现, 因此两种方案的平均收益是预估值, 选择方案 A 必定会承受一些风险. 对于风险型决策问题, 其常用的决策方法有最大可能法、期望值法、决策树法、灵敏度分析法、效用分析法等. 在对实际问题进行决策时, 可采用各种不同方法分别进行计算、比较, 然后通过综合分析, 选择最佳的决策方案, 这样往往可有效减少决策的风险性. 类似地, 可思考如下问题:

(1) 某公司经销某种原料, 根据历史资料, 这种原料的市场需求量 X (单位: t) 为 (300, 500) 上的均匀分布, 每售出 1t 该原料, 公司可获利 1500 元; 若积压 1t, 则公司损失 500 元, 公司应该组织多少货源, 可使期望的利润最大?

(2) 某化工厂为扩大生产能力, 拟定了三种扩建方案以供决策: ① 大型扩建; ② 中型扩建; ③ 小型扩建. 如果大型扩建, 当产品销路好时, 可获利 200 万元, 销路差时则亏损 60 万元; 如果中型扩建, 当产品销路好时, 可获利 150 万元, 销路差可获利 20 万元; 如果小型扩建, 当产品销路好时, 可获利 100 万元, 销路差时可获利 60 万元. 根据历史资料, 未来产品销路好的概率为 0.7, 销路差的概率为 0.3, 试做出最佳扩建方案.

2.2.12　球员比赛问题

例 2.15　美国职业篮球联赛 (National Basketball Association, NBA) 是世界水平最高篮球赛事之一. 某优秀球员在 NBA 一个赛季中对阵超音速队和快船队各四场比赛中的技术统计罗列在表 2.11 中.

表 2.11 某球员的技术统计 (单位：分)

场次	对阵超音速队			对阵快船队		
	得分	篮板	失误	得分	篮板	失误
第一场	22	10	2	25	17	2
第二场	29	10	2	29	15	0
第三场	24	14	2	17	12	4
第四场	26	10	5	22	7	2

(1) 分别计算该球员在对阵超音速队和快船队的各四场比赛中的平均每场得分.

(2) 从得分的角度看, 该球员在对阵超音速队和快船队的比赛中, 对阵哪个队的发挥更稳定?

(3) 如果规定综合得分为：平均每场得分 $+$ 平均每场篮板 $\times 1.5-$ 平均每场失误 $\times 1.5$, 且综合得分越高表现越好, 那么利用这种评价方法来比较该球员分别在对阵超音速队和快船队的各四场比赛中, 对阵哪一个队表现更好?

解 (1) 该球员在对阵超音速队的四场比赛中, 平均每场得分为

$$\overline{x_1}=\frac{22+29+24+26}{4}=25.25$$

该球员在对阵快船队的四场比赛中, 平均每场得分为

$$\overline{x_1}=\frac{25+29+17+22}{4}=23.25$$

(2) 该球员在对阵超音速队时的四场比赛中得分的方差为 $s_1^2=6.6875$, 在对阵快船队时的四场比赛中得分的方差为 $s_2^2=19.1875$. 因为 $s_1^2<s_2^2$, 所以该球员在对阵超音速队时发挥更稳定.

(3) 该球员在对阵超音速队的四场比赛中, 综合得分为

$$y_1=25.25+11\times 1.5-\frac{11}{4}\times 1.5=37.625$$

该球员在对阵快船队的四场比赛中, 综合得分为

$$y_2=23.25+\frac{51}{4}\times 1.5-2\times 1.5=39.375$$

因为 $y_1<y_2$, 所以该球员在对阵快船队时表现更好.

类似地, 可以考虑如下问题:

(1) 为了比较甲、乙两位划艇运动员的成绩, 在相同条件下对他们进行了 6 次测验, 测得他们的平均速度 (单位: m/s) 分别如下:

甲: 2.7 3.8 3.0 3.7 3.5 3.1

乙: 2.9 3.9 3.8 3.4 3.6 2.8

根据以上数据, 判断谁的成绩更优秀.

(2) 质检部门对甲、乙两种日光灯的使用时间进行了破坏性试验, 10 次试验得到的两种日光灯的使用时间如表 2.12 所示, 哪一种质量相对好一些?

表 2.12 甲、乙两种日光灯的使用时间

甲		乙	
使用时间/h	频数	使用时间/h	频数
2100	1	2100	1
2110	1	2110	2
2120	5	2120	3
2130	2	2130	3
2140	1	2140	1

2.2.13 免费抽奖的本质

例 2.16 某商场举办购物免费抽奖, 其操作如下:

(1) 先将商品价格上涨 30%, 即原来 100 元的商品, 现价 130 元;

(2) 凡在商场购物满 100 元者, 可免费抽奖一次.

抽奖方式为: 箱中 20 个球, 其中 10 红 10 白, 任取 10 球. 根据所抽出球的颜色确定中奖的等级, 不同的等级有不同的奖品, 具体情况如表 2.13 所示. 试用概率方法揭示免费抽奖的本质.

表 2.13 抽奖等级

等级	颜色	奖品	价值/元
1	10 个全红或全白	微波炉 1 台	1000
2	1 红 9 白或 1 白 9 红	电吹风 1 台	100
3	2 红 8 白或 2 白 8 红	洗发水 1 瓶	30
4	3 红 7 白或 3 白 7 红	香皂 1 块	3
5	4 红 6 白或 4 白 6 红	洗衣皂 1 块	1.5
6	5 红 5 白	梳子 1 把	1

解 箱中有 20 个球, 其中 10 红 10 白, 任取 10 球共有 C_{20}^{10} 种情形. 根据红球的个数 i, 这些情形可分为 11 类.

记 A_i 表示任取 10 个球, 有 i 个红球, $10-i$ 个白球, 则由古典概型计算公式

$$P(A_i)=\frac{C_{10}^{i}C_{10}^{10-i}}{C_{20}^{10}},\quad i=0,1,\cdots,10$$

可得各类中奖概率如表 2.14 所示. 通过计算可得消费者每消费 100 元, 需多付出 30 元, 而中奖的均值为

$$\begin{aligned}E(X)=&1000\times0.000005\times2+100\times0.000541\times2+30\times0.01096\times2\\&+3\times0.077941\times2+1.5\times0.238693\times2+1\times0.343718\times2\approx2.65(\text{元})\end{aligned}$$

表 2.14 各类中奖概率

事件	A_0、A_{10}	A_1、A_9	A_2、A_8	A_3、A_7	A_4、A_6	A_5
概率	0.000005	0.000541	0.01096	0.077941	0.238693	0.343718
奖品价值/元	1000	100	30	3	1.5	1

通过上面的计算和比较可知: 商家在每一次投资中获利 $30-2.65=27.35$ (元), 消费者将平均花费 27.35 元来享受这种 "免费" 抽奖的机会, 而得到所谓 "大奖" 则是小概率事件. 从客观意义上来讲, 几乎不会发生. 由此分析可以看出, "免费抽奖" 的本质其实可以认为是平均花费 27.35 元来碰一次 "运气" 而已.

类似地, 可以思考如下问题:

(1) 某人在求职过程中得到了两个公司的面试通知. 假定每个公司有三种不同的职务: 极好的, 工资 4 万元; 好的, 工资 3 万元; 一般的, 工资 2.5 万元. 估计能得到这些职务的概率分别为 0.2, 0.3, 0.4, 有 0.1 的可能性得不到任何职务. 由于每家公司都要求在面试时表态接受或拒绝所提供的职务, 那么应遵循什么策略应答呢?

(2) 某人用 10 万元进行为期一年的投资. 有两种投资方案: 一种是购买股票; 另一种是存入银行获取利息. 买股票的收益取决于经济形势, 若经济形势好可获利 4 万元, 形势中等可获利 1 万元, 形势不好损失 2 万元. 如果存入银行, 按利率为 8%计算, 可得利息 8000 元. 又设经济形势好、中、差的概率分别为 30%, 50%, 20%. 试问选择哪一种方案可使投资的效益较大.

2.2.14 节约化验费的方案

例 2.17 在一个有多名职工的单位中验血普查肝炎病毒. 若每个人的血样分

别化验, 则一个人耗费一份化验费. 现采用如下的改进方案: 先将每个人的血样各取出一部分, k 个人为一组混合后化验. 如果呈阴性, 则 k 个人同时通过, 每个人化验 $\dfrac{1}{k}$ 次; 如果呈阳性, 再将 k 个人的血样分别化验以找出血中含病毒者. 请问: 改进方案和原方案哪个更节约化验费?

解　假定职工中血液不含肝炎病毒的概率为 q, 且各职工的情况相互独立. 那么采用改进方案, 每位职工化验次数 X 的分布列为

$$P\left(X=\frac{1}{k}\right)=1-P\left(X=1+\frac{1}{k}\right)=q^k$$

从而每位职工的平均化验次数为

$$E\left(X\right)=\frac{1}{k}q^k+\left(1+\frac{1}{k}\right)\left(1-q^k\right)=1+\frac{1}{k}-q^k$$

对于给定的 q, 选择每组人数 k, 只要 $\dfrac{1}{k}-q^k<0$, 则 $E(X)<1$, 节约了化验费用. 同时, 还可选择适当的 k, 使平均化验费用最小.

类似地可以思考以下问题: 某地区居民得了一种传染病, 患者约占 3%. 现对该地区某校 5000 名师生进行抽血化验, 有两种方案: ① 逐个化验; ② 按 5 人一组, 并将血液混在一起化验, 若发现有问题, 再逐个化验. 哪一种方案更节约化验费?

2.2.15　窃贼问题

例 2.18　窃贼问题: 一窃贼被关在有 3 个门的地牢中, 其中第 1 个门通向自由, 出此门后走 3h 便回到地面; 第 2 个门通向一个地道, 在此地道中走 5h 将返回地牢; 第 3 个门通向一个更长的地道, 沿着这个地道走 7h 也回到地牢. 如果窃贼每次选择 3 个门的可能性相等, 求他为获自由而奔走的平均时间.

解　设窃贼需要走 Xh 到达地面, 并设 Y 代表窃贼每次对 3 个门的选择, Y 各以 $\dfrac{1}{3}$ 的可能性取值 1, 2, 3. 运用全期望公式得

$$E\left(X\right)=E\left\{E\left(X|Y\right)\right\}=\sum_{i=1}^{3}E\left(X|Y=i\right)P\left(Y=i\right)$$

注意到

$$E\left(X\,|Y=1\right)=3,\quad E\left(X\,|Y=2\right)=5+E\left(X\right),\quad E\left(X\,|Y=3\right)=7+E\left(X\right)$$

其中, $E\left(X\,|Y=2\right)=5+E\left(X\right)$ 是由于当他选第 2 个门走 5h 后, 他将回到地牢,

处境与开始时完全一样. 又由 $P(Y=i)=\dfrac{1}{3}$, 进一步便可得

$$E(X)=\frac{1}{3}\left[3+5+E(X)+7+E(X)\right]$$

即可得到 $E(X)=15$, 即平均地说, 窃贼将在 15h 后获得自由.

可以进一步思考涉及条件期望的如下问题：设电力公司每月可以供应某厂的电力服从 [10, 30](单位：万度) 上的均匀分布, 而该工厂每月实际生产所需要的电力服从 [10, 20] (单位: 万度) 上的均匀分布. 若工厂能从电力公司得到足够的电力, 则每 1 万度电可创造 30 万元利润; 若工厂从电力公司得不到足够的电力, 则不足部分由工厂通过其他途径自行解决, 每一万度电只有 10 万元利润. 该厂每月的平均利润为多大?

2.2.16 投资中的收益和风险问题

例 2.19 某人有一笔资金, 可投入三个项目：房产 X、地产 Y 和商业 Z. 其收益和市场状况有关, 若把市场划分为好、中、差三个等级, 其发生概率分别为 0.2, 0.7, 0.1. 根据市场调研情况可知, 不同等级状态下各种投资的年收益如表 2.15 所示. 试确定最优投资项目.

表 2.15 三种投资年收益表

投资项目	收益/万元		
	好	中	差
	$p_1=0.2$	$p_2=0.7$	$p_3=0.1$
房产 X	11	3	−3
地产 Y	6	4	−1
商业 Z	10	2	−2

解 $E(X)=4.0$, $E(Y)=3.9$, $E(Z)=3.2$, 根据期望决策法, 投资房产的平均收益最大, 因此可能选择投资房产. 但投资也要考虑风险, 下面计算它们的方差.

$$D(X)=15.4,\quad D(Y)=3.29,\quad D(Z)=12.96$$

因为方差越大, 收益的波动越大, 从而风险也越大, 所以从方差看, 投资房产的比投资地产的风险大得多.

若将收益与风险综合权衡, 该投资者还是应该选择投资地产较好, 虽然平均收入少 0.1 万元, 但风险要小一半以上.

类似地, 可考虑如下问题:

某公司拟对外投资, 现有 A 公司、B 公司和 C 公司有关股票收益的资料如表 2.16 所示, 试从收益和风险的角度确定最优投资项目.

表 2.16　三个公司收益表

经济情况	概率	A 公司的收益/万元	B 公司的收益/万元	C 公司的收益/万元
繁荣	0.2	50	80	60
一般	0.6	20	20	25
衰退	0.2	−40	−40	−10

第 3 章　连续型随机变量

连续型随机变量是随机变量最重要的类型之一, 本章主要关注一维连续型随机变量、二维连续型随机变量及其数学期望、方差等在现实问题处理中的应用案例.

3.1　连续型随机变量理论简介

3.1.1　连续型随机变量及其概率密度函数

1. 概率密度函数定义

定义 3.1　设 X 是一个随机变量, 如果存在定义在 $(-\infty, +\infty)$ 上的非负可积函数 $\varphi(x)$, 对任意 $a, b\,(a<b)$ 都有

$$P(a \leqslant X \leqslant b)=\int_a^b \varphi(x)\mathrm{d}x \tag{3.1}$$

则称 X 是连续型随机变量, 称 $\varphi(x)$ 为 X 的概率密度函数 (简称概率密度).

2. 概率密度函数的性质

概率密度函数具有下列性质

$$\varphi(x) \geqslant 0, \quad \int_{-\infty}^{+\infty} \varphi(x)\mathrm{d}x=1 \tag{3.2}$$

3. 常见概率密度函数

1) 均匀分布

定义 3.2　如果随机变量 X 的概率密度为

$$\varphi(x)=\begin{cases} \dfrac{1}{b-a}, & a \leqslant x \leqslant b \\ 0\quad, & \text{其他} \end{cases} \tag{3.3}$$

则称 X 服从区间 $[a,b]$ 上的均匀分布, 记为 $X \sim U[a,b]$.

2) 指数分布

定义 3.3 如果随机变量 X 的概率密度函数为

$$\varphi(x)=\begin{cases}\lambda \mathrm{e}^{-\lambda x}, & x>0\\ 0, & x\leqslant 0\end{cases} \tag{3.4}$$

其中 $\lambda>0$, 则称 X 服从参数为 λ 的指数分布, 记为 $X\sim E(\lambda)$.

指数分布的无记忆性:

$$P(X\geqslant s+t\,|X\geqslant s)=P(X\geqslant t) \tag{3.5}$$

这就是说在 X 大于 s 的条件下, X 大于 $s+t$ 的条件概率就等于 X 大于 t 的无条件概率.

3) 正态分布

定义 3.4 如果随机变量 X 的概率密度函数为

$$\varphi(x)=\frac{1}{\sqrt{2\pi}\sigma}\mathrm{e}^{-\frac{(x-\mu)^2}{2\sigma^2}},\quad -\infty<x<+\infty \tag{3.6}$$

其中 $\mu\in\mathrm{R},\sigma>0$ 为常数, 则称 X 服从参数为 μ,σ 的正态分布, 记为 $X\sim N\left(\mu,\sigma^2\right)$.

4) Γ 分布 (伽马分布)

定义 3.5 如果随机变量 X 的概率密度函数为

$$\varphi(x)=\begin{cases}\dfrac{\beta^\alpha}{\Gamma(\alpha)}x^{\alpha-1}\mathrm{e}^{-\beta x}, & x>0\\ 0, & x\leqslant 0\end{cases} \tag{3.7}$$

其中, $\alpha>0,\ \beta>0,\ \Gamma(\alpha)=\displaystyle\int_0^{+\infty}x^{\alpha-1}\mathrm{e}^{-x}\mathrm{d}x$, 则称 X 服从参数为 α,β 的 Γ 分布, 记为 $X\sim\Gamma(\alpha,\beta)$.

当 $\alpha=1$ 时, Γ 分布就是参数为 β 的指数分布;

当 $\alpha=\dfrac{n}{2},\beta=\dfrac{1}{2}$ 时, $\Gamma\left(\dfrac{n}{2},\dfrac{1}{2}\right)$ 分布就是自由度为 n 的 χ^2 分布 (卡方分布), 其概率密度函数为

$$\varphi(x)=\begin{cases}\dfrac{1}{\Gamma\left(\dfrac{n}{2}\right)2^{\frac{n}{2}}}x^{\frac{n}{2}-1}\mathrm{e}^{-\frac{1}{2}x}, & x>0\\ 0, & x\leqslant 0\end{cases} \tag{3.8}$$

3.1.2 连续型随机变量的分布函数

1. 连续型随机变量的分布函数定义

定义 3.6 设 X 为一个连续型随机变量, 其概率密度函数为 $\varphi(x)$, 由分布函数的定义, 连续型随机变量 X 的分布函数为

$$F(x)=P(X\leqslant x)=\int_{-\infty}^{x}\varphi(t)\mathrm{d}t \tag{3.9}$$

由式 (3.9) 可知连续型随机变量的分布函数 $F(x)$ 具有如下的性质:

(1) $F(x)$ 在 $(-\infty,+\infty)$ 上是连续函数; $F(x)$ 非降;

(2) 在概率密度函数 $\varphi(x)$ 的连续点处, 有

$$\frac{\mathrm{d}F(x)}{\mathrm{d}x}=\varphi(x) \tag{3.10}$$

(3) $F(+\infty)=\lim\limits_{x\to+\infty}F(x)=\int_{-\infty}^{+\infty}\varphi(t)\,\mathrm{d}t=1$,

$F(-\infty)=\lim\limits_{x\to-\infty}F(x)=0$.

2. 正态分布的概率计算

1) 标准正态分布的分布函数

标准正态分布 $N(0,1)$ 在概率论与数理统计中起着极为重要的作用, 它的分布函数 $F(x)$ 记为 $\varPhi(x)$, 易知

$$\varPhi(x)=\frac{1}{\sqrt{2\pi}}\int_{-\infty}^{x}\mathrm{e}^{-\frac{t^2}{2}}\mathrm{d}t \tag{3.11}$$

2) 正态随机变量的标准化定理

定理 3.1 $X\sim N(\mu,\sigma^2)$, 则 $Y=\dfrac{X-\mu}{\sigma}\sim N(0,1)$.

3) 计算公式

(1) 设 $X\sim N(\mu,\sigma^2)$, 则有 $F(x)=P(X\leqslant x)=\varPhi\left(\dfrac{x-\mu}{\sigma}\right)$;

(2) 设 $X\sim N(\mu,\sigma^2)$, 则有

$$P(a<X\leqslant b)=\varPhi\left(\frac{b-\mu}{\sigma}\right)-\varPhi\left(\frac{a-\mu}{\sigma}\right) \tag{3.12}$$

(3) 设 $X\sim N(\mu,\sigma^2)$, 则有

$$P\left(\left|\frac{X-\mu}{\sigma}\right|\leqslant a\right)=2\varPhi(a)-1$$

4) $\varPhi(x)$ 的性质

(1) $\varPhi(0)=0.5;\ \varPhi(+\infty)=1;\varPhi(-\infty)=0.$

(2) $\varPhi(-x)=1-\varPhi(x).$

5) 3σ 原则

设 $X\sim N\left(\mu,\sigma^2\right)$, 则有

$$P\{\mu-3\sigma\leqslant X\leqslant\mu+3\sigma\}=2\varPhi(3)-1\approx0.9973 \tag{3.13}$$

这表明, 正态变量 X 的取值基本上全部集中在区间 $[\mu-3\sigma,\mu+3\sigma]$ 上 (概率为 0.9973), 几乎不会在该区间之外取值 (概率约为 0.0027). 这就是人们所说的 3σ 原则.

6) 标准正态分布的上侧 α 分位数

定义 3.7 设 $X\sim N(0,1)$, 如果 z_α 满足条件

$$P\{X>z_\alpha\}=\int_{z_\alpha}^{+\infty}\varphi(x)\mathrm{d}x=\alpha \tag{3.14}$$

则称 z_α 为标准正态分布的上侧 α 分位数.

标准正态分布的上侧 α 分位数具有下列性质:

(1) $\varPhi(z_\alpha)=1-\alpha;$

(2) $z_{1-\alpha}=-z_\alpha.$

3.1.3 连续型随机变量函数的分布

X 为连续型随机变量, 其概率密度为 $\varphi_X(x)$. 设 $y=g(x)$ 是一个连续函数, 现要求随机变量 $Y=g(X)$ 概率密度 $\varphi_Y(y)$, 有如下两种方法.

1. **分布函数法**

分布函数法分为两步.

(1) 先求出 Y 的分布函数.

$$F_Y(y)=P\{Y\leqslant y\}=P\{g(X)\leqslant y\}=\int_{g(x)\leqslant y}\varphi_X(x)\mathrm{d}x$$

(2) 再对 y 求导, 得到 Y 的分布函数为

$$\varphi_X(x)=\frac{\mathrm{d}F_Y(y)}{\mathrm{d}y}$$

2. 公式法

定理 3.2 设连续型随机变量 X 的概率密度函数为 $\varphi_X(x)\ x\in[c,d]$. 又设 $y=g(x)$ 在区间 $[c,d]$ 上严格单调, 且有一阶连续导数. 记 $x=h(y)$ 为 $y=g(x)$ 的反函数, 则 Y 的概率密度为

$$\varphi_Y(y)=\begin{cases}\varphi_X[h(y)]\,|h'(y)|, & y\in[a,b]\\ 0, & 其他\end{cases} \tag{3.15}$$

其中, $[a,b]$ 是函数 $y=g(x)$ 的值域.

3.1.4 二维连续型随机变量及其概率密度

1. 联合概率密度函数

定义 3.8 设 $F(x,y)$ 是二维随机变量 (X,Y) 的分布函数, 若存在一个定义在全平面上的非负可积函数 $\varphi(x,y)$, 使得对于任意实数 x,y, 都有

$$F(x,y)=\int_{-\infty}^{x}\int_{-\infty}^{y}\varphi(u,v)\mathrm{d}u\mathrm{d}v \tag{3.16}$$

则称 (X,Y) 为二维连续型随机变量, 并称 $\varphi(x,y)$ 为 (X,Y) 的概率密度, 或称为随机变量 X 和 Y 的联合概率密度函数.

2. 联合概率密度函数的性质

$\varphi(x,y)$ 具有如下的性质:

(1) $\varphi(x,y)\geqslant 0$;

(2) $\displaystyle\int_{-\infty}^{+\infty}\int_{-\infty}^{+\infty}\varphi(x,y)\mathrm{d}x\mathrm{d}y=1$;

(3) 若 $\varphi(x,y)$ 在点 (x,y) 处连续, 则有 $\dfrac{\partial^2 F(x,y)}{\partial x\partial y}=\varphi(x,y)$;

(4) 设 G 是 xOy 平面上的区域, 点 (X,Y) 落在 G 内的概率为

$$P\{(X,Y)\in G\}=\iint\limits_{G}\varphi(x,y)\mathrm{d}x\mathrm{d}y$$

3. 边缘概率密度函数

定义 3.9 设 (X,Y) 为二维连续型随机变量, 其分量 X 或 Y 的概率密度函数 $\varphi_X(x)$ 或 $\varphi_Y(y)$, 称为 (X,Y) 关于 X 或 Y 的边缘概率密度.

由联合概率密度可以得到边缘概率密度:

$$\varphi_X(x)=\int_{-\infty}^{+\infty}\varphi(x,y)\mathrm{d}y \tag{3.17}$$

$$\varphi_Y(y)=\int_{-\infty}^{+\infty}\varphi(x,y)\mathrm{d}x \tag{3.18}$$

4. **两个常见二维连续型分布**

1) 二维均匀分布

定义 3.10 设 G 为平面上的有界区域, 其面积为 A, 若二维随机变量 (X,Y) 的概率密度函数为

$$\varphi(x,y)=\begin{cases}\dfrac{1}{A}, & (x,y)\in G\\ 0\ , & \text{其他}\end{cases} \tag{3.19}$$

则称 (X,Y) 在 G 上服从均匀分布.

2) 二维正态分布

定义 3.11 若二维随机变量 (X,Y) 的概率密度函数为

$$\varphi(x,y)=\frac{1}{2\pi\sigma_1\sigma_2\sqrt{1-\rho^2}}\exp\left\{-\frac{1}{2(1-\rho^2)}\left[\frac{(x-\mu_1)^2}{\sigma_1^2}-2\rho\frac{(x-\mu_1)(y-\mu_2)}{\sigma_1\sigma_2}+\frac{(y-\mu_2)^2}{\sigma_2^2}\right]\right\} \tag{3.20}$$

其中, $\mu_1,\mu_2,\sigma_1,\sigma_2,\rho$ 都是常数, 且 $\sigma_1>0,\sigma_2>0,|\rho|<1$, 则称 (X,Y) 服从参数为 $\mu_1,\mu_2,\sigma_1,\sigma_2,\rho$ 的二维正态分布, 记为 $(X,Y)\sim N\left(\mu_1,\mu_2,\sigma_1^2,\sigma_2^2,\rho\right)$.

由式 (3.17) 和式 (3.18) 可得二维正态分布的两个边缘分布都是正态分布, 且有 $X\sim N\left(\mu_1,\sigma_1^2\right), Y\sim N\left(\mu_2,\sigma_2^2\right)$.

3.1.5 二维连续型随机变量的条件分布

定义 3.12 设二维连续型随机变量 (X,Y) 的概率密度为 $\varphi(x,y)$, 边缘概率密度分别为 $\varphi_X(x)$ 或 $\varphi_Y(y)$. 若对于固定的 y, $\varphi_Y(y)>0$, 则称

$$F_{X|Y}(x|y)=P\{X\leqslant x|Y=y\}=\int_{-\infty}^{x}\frac{\varphi(u,y)}{\varphi_Y(y)}\mathrm{d}u \tag{3.21}$$

为在 $Y=y$ 的条件下 X 的条件分布函数, 称

$$\varphi_{X|Y}(x|y)=\frac{\varphi(x,y)}{\varphi_Y(y)} \tag{3.22}$$

为在 $Y=y$ 的条件下 X 的条件概率密度.

同样, 若对于固定的 x, $\varphi_X(x)>0$, 则称

$$F_{Y|X}(y|x)=P\{Y\leqslant y|X=x\}=\int_{-\infty}^{y}\frac{\varphi(x,v)}{\varphi_X(x)}\mathrm{d}v \tag{3.23}$$

为在 $X=x$ 的条件下 Y 的条件分布函数, 称

$$\varphi_{Y|X}(y|x)=\frac{\varphi(x,y)}{\varphi_X(x)} \tag{3.24}$$

为在 $X=x$ 的条件下 Y 的条件概率密度.

3.1.6 二维连续型随机变量的独立性

定理 3.3 设 (X,Y) 是二维连续型随机变量, 其概率密度为 $\varphi(x,y)$, (X,Y) 关于 X 和 Y 的边缘概率密度分别是 $\varphi_X(x)$ 和 $\varphi_Y(y)$, 则 X 与 Y 相互独立的充分必要条件是

$$\varphi(x,y)=\varphi_X(x)\varphi_Y(y)$$

在平面上几乎处处成立 (允许在平面上存在面积为零的集合, 但在其上等式不成立).

3.1.7 二维连续型随机变量函数的分布

1. $Z=X+Y$ 的概率分布

设 (X,Y) 的概率密度为 $\varphi(x,y)$, 则 $Z=X+Y$ 的概率密度函数 $\varphi_Z(z)$ 为

$$\varphi_Z(z)=\int_{-\infty}^{+\infty}\varphi(x,z-x)\mathrm{d}x \tag{3.25}$$

或

$$\varphi_Z(z)=\int_{-\infty}^{+\infty}\varphi(z-y,y)\mathrm{d}y \tag{3.26}$$

如果 X 与 Y 相互独立, 设 (X,Y) 关于 X 和 Y 的边缘概率密度分别是 $\varphi_X(x)$ 和 $\varphi_Y(y)$, 则

$$\varphi_Z(z)=\int_{-\infty}^{+\infty}\varphi_X(x)\varphi_Y(z-x)\mathrm{d}x \tag{3.27}$$

或

$$\varphi_Z(z)=\int_{-\infty}^{+\infty}\varphi_X(z-y)\varphi_Y(y)\mathrm{d}y \tag{3.28}$$

2. 正态分布的可加性

$X_1, X_2, \cdots, X_n$ 相互独立, 都服从正态分布 $N(\mu, \sigma^2)$, 则

$$Y = \sum_{i=1}^{n} X_i \sim N(n\mu, n\sigma^2) \tag{3.29}$$

3. $Z = \dfrac{X}{Y}$ 的分布

$$\varphi_Z(z) = \int_{-\infty}^{+\infty} |y| \varphi(yz, y) \mathrm{d}y \tag{3.30}$$

若 X 与 Y 相互独立, 则有

$$\varphi_Z(z) = \int_{-\infty}^{+\infty} |y| \varphi_X(yz) \varphi_Y(y) \mathrm{d}y \tag{3.31}$$

4. $M = \max\{X, Y\}$ 及 $N = \min\{X, Y\}$ 的分布

设 X 与 Y 相互独立, 它们的分布函数分别为 $F_X(x)$ 和 $F_Y(y)$. 则 $M = \max\{X, Y\}$ 的分布函数 $F_M(z)$ 为

$$F_M(z) = F_X(x) F_Y(y) \tag{3.32}$$

$N = \min\{X, Y\}$ 的分布函数 $F_N(z)$ 为

$$F_N(z) = 1 - [1 - F_X(x)][1 - F_Y(y)] \tag{3.33}$$

3.1.8 连续型随机变量的数学期望

1. 连续型随机变量数学期望的定义

定义 3.13 设连续型随机变量 X 的概率密度为 $\varphi(x)$, 若积分 $\int_{-\infty}^{+\infty} x\varphi(x)\mathrm{d}x$ 绝对收敛, 则称 $\int_{-\infty}^{+\infty} x\varphi(x)\mathrm{d}x$ 为随机变量 X 的数学期望, 记为 $E(X)$, 即

$$E(X) = \int_{-\infty}^{+\infty} x\varphi(x)\mathrm{d}x \tag{3.34}$$

若 $\int_{-\infty}^{+\infty} |x| \varphi(x)\mathrm{d}x$ 发散, 则称 X 的数学期望不存在.

2. 连续型随机变量函数的数学期望

定理 3.4 设 Y 是随机变量 X 的函数: $Y = g(X)$ ($g(x)$ 是连续函数). 若 X 是连续型随机变量, 概率密度为 $\varphi(x)$, 则当 $\int_{-\infty}^{+\infty} g(x)\varphi(x)\mathrm{d}x$ 绝对收敛时, 有

$$E(Y)=E[g(X)]=\int_{-\infty}^{+\infty}g(x)\varphi(x)\mathrm{d}x \tag{3.35}$$

定理 3.5 设 Z 是随机变量 X,Y 的函数: $Z=g(X,Y)$, 其中 $g(x,y)$ 是二元连续函数. 若 (X,Y) 是连续型随机变量, 其概率密度为 $\varphi(x,y)$, 则当 $\int_{-\infty}^{+\infty}\int_{-\infty}^{+\infty}g(x,y)\varphi(x,y)\,\mathrm{d}x\mathrm{d}y$ 绝对收敛时, 有

$$E(Z)=E[g(X,Y)]=\int_{-\infty}^{+\infty}\int_{-\infty}^{+\infty}g(x,y)\varphi(x,y)\mathrm{d}x\mathrm{d}y \tag{3.36}$$

连续型随机变量的方差、协方差、相关系数、矩等概念在数学期望的基础上定义, 类似于离散型随机变量的情形.

3.1.9 其他

1. 广义几何分布

独立重复地进行试验, 设第 n 次试验成功的概率为 $p_n(0<p_n<1)$, 失败的概率为 $q_n=1-p_n$, 随机变量 X 表示将试验进行到出现一次成功为止所需的试验次数 (此时称 X 服从广义几何分布), 则 X 的分布律为

$$P(X=k)=(1-p_1)(1-p_2)\cdots(1-p_{k-1})p_k,\quad k=1,2,\cdots \tag{3.37}$$

广义几何分布是一种离散型分布.

2. 柯西–施瓦兹不等式

$$[E(XY)]^2\leqslant E\left(X^2\right)E\left(Y^2\right) \tag{3.38}$$

3. 不等式

$$[E(X)]^2\leqslant E\left(X^2\right) \tag{3.39}$$

3.2 应用案例分析

3.2.1 身高分布

例 3.1 为了研究某市 12 岁男童身高的分布, 从全市所有 12 岁男童中随机抽取 $n=120$ 位男童, 分别量取他们的身高, 得到 120 个身高的数据. 这些数据包

含的信息是分散的, 因此对它们进行等距分组, 组距为 $\Delta d = 4\text{cm}$, 得到频数分布如表 3.1 所示. 试结合频率/组距直方图来解释密度函数的由来和含义.

表 3.1 某市 120 位男童的身高分布

身高/cm	频数	频率	频率/组距
(124,128]	1	0.0083	0.0021
(128,132]	2	0.0167	0.0042
(132,136]	10	0.0833	0.0208
(136,140]	22	0.1833	0.0458
(140,144]	37	0.3083	0.0771
(144,148]	26	0.2167	0.0542
(148,152]	15	0.1250	0.0313
(152,156]	4	0.0333	0.0083
(156,160]	2	0.0167	0.0042
(160,164]	1	0.0083	0.0021
合计	120	1	—

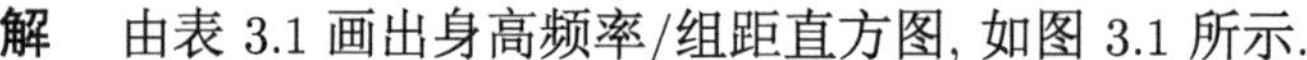

解 由表 3.1 画出身高频率/组距直方图, 如图 3.1 所示.

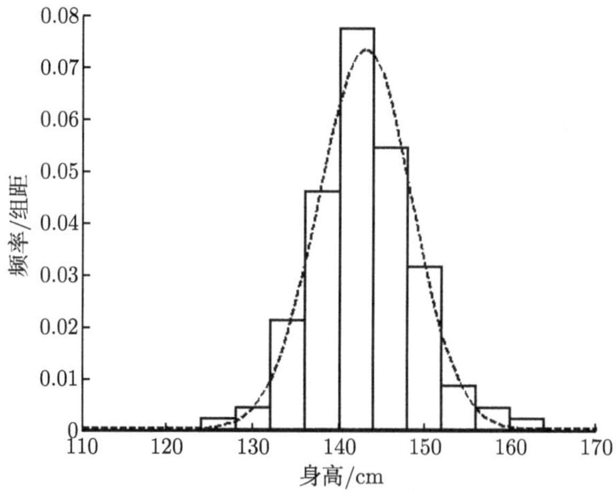

图 3.1 12 岁男童身高频率/组距直方图

在图 3.1 中, 直方图中每个小矩形的高度不是频数也不是频率, 而是相应组的频率除以组距. 这样画出的直方图每个小矩形的面积等于身高落到相应组的频率. 画出的直方图有如下三个特点.

(1) 非负性: 直方图中每个小矩形的高度都大于或等于零.

(2) 规一性：直方图的面积之和等于 1, 这是由于频率之和等于 1.

(3) 频率表达性：身高落到区间 $(a, b]$ 上的频率约等于 $x=a$, $x=b$, x 轴和直方图顶部围成的面积. 这三条性质与概率密度函数的性质类似.

现在逐步抽取更多的样本, 如抽取 1200 位、12000 位 12 岁男童, 测量他们的身高, 作频率直方图, 但这时组距取得更小, 如 2cm、0.5cm 等, 会发现直方图顶部的相邻两个台阶 (图 3.1 的水平线段) 高度相差越来越小, 水平线段越来越多, 且越来越短, 台阶所表示的函数越来越光滑. 虽然该城市 12 岁男童的数量是有限的, 但这不妨碍想象当抽到的个体数量 $n \to +\infty$, 组距 $\Delta d \to 0$ 时, 直方图顶部的曲线会收敛到一条光滑曲线, 如图 3.1 所示虚线. 这个虚线所代表的曲线就是该市 12 岁男童身高的概率密度函数. 从上述过程可以看出：连续型随机变量的概率密度函数是一种理想化的结果, 是当抽样个体数量趋于无穷大、组距趋于零时, 频率直方图的一种极限状态或理想化状态. 概率密度函数继承了频率直方图的三个类似性质, 具有非负性、规一性和概率表达性.

理解了上述得到概率密度函数的过程以及概率密度函数的三条重要特点, 不难理解它的其他性质：

(1) 连续型随机变量取任何特定值的概率为零, 这是由于

$$P(X=a)=\int_a^a f(x)\mathrm{d}x=0$$

(2) 连续型随机变量落入某个区间 $[a, b]$ 的概率等于 $[a, b]$ 上曲边梯形的面积. 这个是由定积分的几何意义得到. 简单地说, 面积可表示概率.

(3) "概率密度" 名称的来源：概率密度的定义与物理学上细棒的线密度 (质量密度) 的定义类似.

由定积分的性质, 可得

$$\lim_{\Delta x\to 0}\frac{P(a\leqslant X\leqslant a+\Delta x)}{\Delta x\to 0}=\lim_{\Delta x\to 0}\frac{\displaystyle\int_a^{a+\Delta x}f(x)\mathrm{d}x}{\Delta x\to 0}=f(a)$$

而细棒的线密度为

$$\lim_{\Delta x\to 0}\frac{m(a\leqslant X\leqslant a+\Delta x)}{\Delta x\to 0}=\lim_{\Delta x\to 0}\frac{\displaystyle\int_a^{a+\Delta x}m(x)\mathrm{d}x}{\Delta x\to 0}=m(a)$$

比较上面两式, 可以发现概率密度与细棒的线密度的定义, 从表达式来说是类似的.

(4) 当 Δx 充分小时, $P(x \leqslant X \leqslant x+\Delta x) \approx f(x)\Delta x$, 因此概率密度函数的值反映了随机变量落到 x 附近的概率大小. 但由 (1), 落到任何一点 x 上的概率都是零, 因此 $f(x)$ 的函数值也就是高度并不表示概率, 它仅仅反映随机变量落到 x 附近的概率大小. 简单地说, x 点处的高度 (函数值) 不是概率, 但它与随机变量落到 x 附近的概率大小成正比.

注 1: 概率密度函数是描述连续型随机变量的数学工具, 有了它就可以方便地计算相关连续型随机变量的概率. 例如, 若已知随机变量 X 的概率密度函数为 $f(x)$, 则要计算随机变量 X 落到区间 $(a, b]$ 上的概率, 只要计算 $f(x)$ 在 $(a, b]$ 上的积分, 即

$$P(a<X \leqslant b)=\int_a^b f(x)\mathrm{d}x$$

由定积分的几何意义, 此概率即为 $f(x)$, $y=f(x)$, $x=a$, $x=b$ 和 x 轴围成的图形面积 S, 如图 3.2 所示.

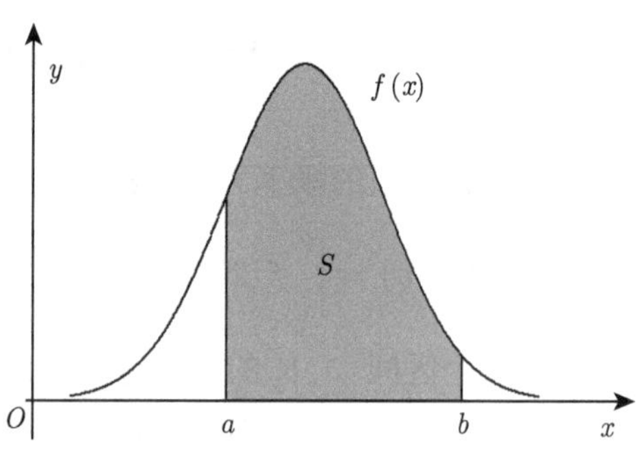

图 3.2　随机变量 X 落到区间 $(a, b]$ 上的概率

注 2: 理论上可以通过作频率直方图得到概率密度函数, 但这个过程是相当困难的, 要花费较大的成本, 不仅需要相关领域知识和经验, 还需要丰富的数理统计知识来对这个过程进行理论指导. 概率论的目的不是如何得到它, 而是研究概率密度函数的性质, 并利用概率密度函数来计算概率.

3.2.2　供电量不足的概率计算

例 3.2　某城市每天用电量不超过 100 万度, 以 ξ 表示每天的耗电率 (即用电量除以 100 万度), 它具有概率密度为

$$p(x)=\begin{cases} 12x(1-x)^2, & 0<x<1 \\ 0, & \text{其他} \end{cases}$$

若该城市每天的供电量仅有 80 万度，则供电量不足的概率是多少？如果每天供电量为 90 万度，又是怎样的情况呢？

解
$$P(\xi > 0.8) = \int_{0.8}^{1} 12x(1-x)^2 \mathrm{d}x = 0.0272$$

因此若每天的供电量仅为 80 万度，则供电量不足的概率为 0.0272.

$$P(\xi > 0.9) = \int_{0.9}^{1} 12x(1-x)^2 \mathrm{d}x = 0.0037$$

因此，如果每天供电量为 90 万度，则供电量不足的概率减小到 0.0037.

注：连续型随机变量在客观世界和人类社会中普遍存在，几乎所有连续变化的量都可以看作连续型随机变量，如人的身高、体重、星球的质量等. 下面是另一个应用连续型随机变量的概率密度函数计算概率的典型例子.

设电阻值 R 是一个随机变量，均匀分布在 $900 \sim 1100\Omega$，求电阻 R 的概率密度及 R 落在 $950 \sim 1050\Omega$ 上的概率.

解 按题意，R 的概率密度为

$$f(r) = \begin{cases} \dfrac{1}{1100-900}, & 900 \leqslant r \leqslant 1100 \\ 0 \quad\quad\quad\quad, & \text{其他} \end{cases}$$

故有

$$P\{950 \leqslant R \leqslant 1050\} = \int_{950}^{1050} \frac{1}{200} \mathrm{d}r = \frac{1}{2}$$

3.2.3 弱信号的提取

例 3.3 设 s 是未知的非随机信号，n 是随机干扰信号，经过传输以后，在接收端接收到的信号为 $X = n + s$，现在的目的是在干扰 n 很强的情况下，从 X 中提取非随机弱信号 s. 此处 X 已知，但干扰 n 未知，因此想从方程 $X = n + s$ 求解得到 s 是行不通的. 虽然 n 未知，但如果很弱，也就是说 n 很小，那么 $s \approx X$，即不用求解方程就可得到 s 的近似解. 可是现在干扰 n 不是很弱，而是很强，解决此问题的出路在哪里呢？

解 同步累计法是从 X 中提取微弱信号 s 的一种简单有效的方法.

可将干扰信号 n 看成服从正态分布 $N(0, \sigma^2)$ 的随机变量，其中 σ^2 代表干扰信号的平均功率，n 的线性函数 $X = n + s$ 也服从正态分布，其概率密度函数为

$$f_s(x) = \frac{1}{\sqrt{2\pi}\sigma} \mathrm{e}^{-\frac{(x-s)^2}{2\sigma^2}}, \quad x \in \mathbf{R}$$

在本案例中, 仅仅发送一次信号, 在强干扰的背景下在接收端是不能恢复信号的, 因此需要就同一信号 s 在发送端进行多次发送. 假设每间隔一段时间重复发一次信号, 则可以收到一个信号序列 $X_k = n_k + s,\quad k = 1,2,\cdots,m$; 并假定每次发信号的时间间隔足够大, 可看成相互独立的服从正态分布的随机变量, 将它们叠加. 令

$$Y = \sum_{k=1}^{m} X_k$$

由正态分布的可加性, Y 服从正态分布 $N\left(ms, m\sigma^2\right)$. 其中, ms 代表 m 次叠加后的有用信号的电平, 而 $m\sigma^2$ 代表了累加后干扰的平均功率. 用 $\left(\dfrac{s}{\sigma}\right)^2$ 表示信噪比 (信号噪声比), 则累加后的信噪比变为

$$\left(\frac{S}{N}\right)^2 = \left(\frac{ms}{\sqrt{m}\sigma}\right)^2 = m\left(\frac{s}{\sigma}\right)^2$$

累加前后的信噪比的改善为

$$\mathrm{SNR} = 10\lg\frac{\left(\dfrac{S}{N}\right)^2}{\left(\dfrac{s}{\sigma}\right)^2} = 10\lg m$$

这样, 随着 m 的增大就可以识别出信号 s.

对强干扰背景下微弱信号的提取进行了 100000 次的模拟, 将如图 3.3(a) 所示的原始信号 s 与如图 3.3(b) 所示的噪声进行叠加, 得到受干扰的信号如图 3.3(c) 所示. 进一步将叠加信号 X 进行了 100000 次的叠加取平均, 得到如图 3.3(d) 所示曲线, 可观察到它非常接近于原始信号, 模拟结果说明用这种从强干扰背景下提取微弱信号的方法是可行的.

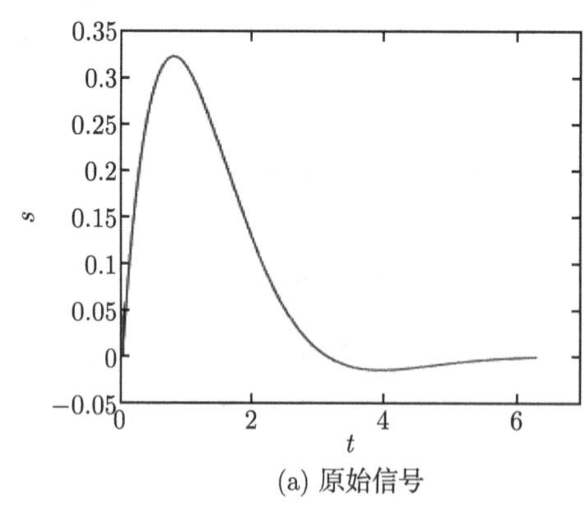

(a) 原始信号

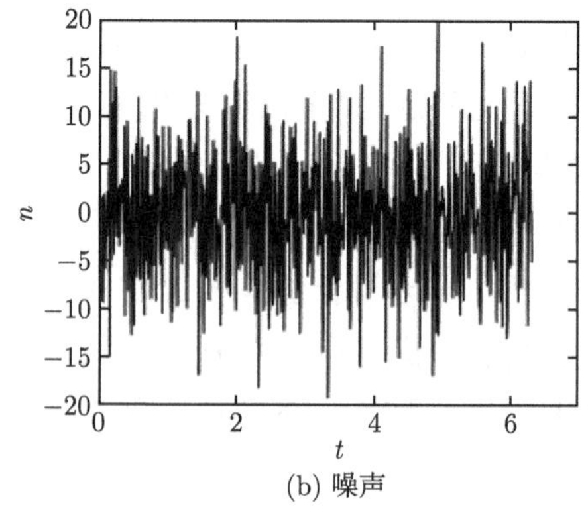

(b) 噪声

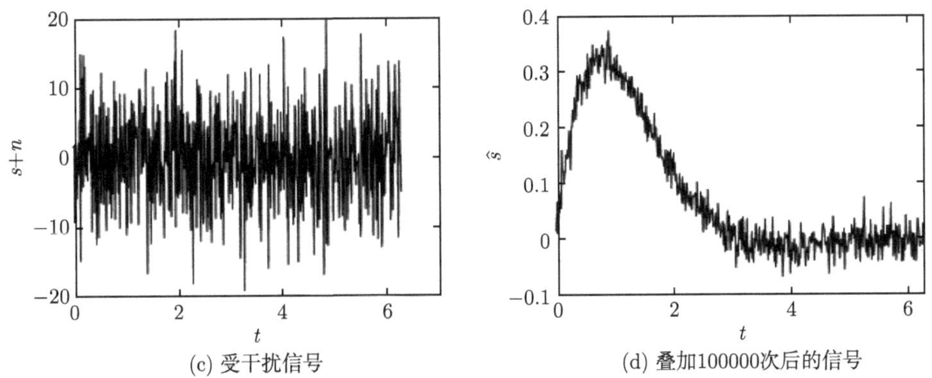

(c) 受干扰信号 (d) 叠加100000次后的信号

图 3.3 强干扰信号的提取

3.2.4 招聘问题

例 3.4 某企业准备通过招聘考试招收 300 名职工, 其中正式工 280 人, 临时工 20 人; 报考的人数是 1657 人, 考试满分是 400 分. 考试后得知, 考试总平均成绩 $\mu=166$ 分, 360 分以上的高分考生 31 人. 某考生 B 得 256 分, 他能否被录取? 能否被聘为正式工?

解 分两步来解答.

第一步: 预测最低分数线. 设最低分数线为 x_1, 考生成绩为 ξ, 则对一次成功的考试来说, ξ 服从正态分布, 由题意可知 $\xi\sim N\left(166,\sigma^2\right)$. 这样, $\eta=\dfrac{(\xi-166)}{\sigma}\sim N(0,1)$, 因为高于 360 分考生的频率是 $\dfrac{31}{1657}$, 所以有

$$P\{\xi>360\}=P\left\{\eta>\frac{360-166}{\sigma}\right\}\approx\frac{31}{1657}$$

因此,

$$P\left\{\eta\leqslant\frac{360-166}{\sigma}\right\}=\varPhi\left(\frac{360-166}{\sigma}\right)\approx1-\frac{31}{1657}\approx0.981$$

查标准正态分布表可知 $0.981=\varPhi(2.08)$, 因而 $\dfrac{360-166}{\sigma}\approx2.08$, 即 $\sigma\approx93$, 故 $\xi\sim N\left(166,93^2\right)$

因为最低分数线的确定应使录取的考生的频率等于 $\dfrac{300}{1657}$, 所以

$$P\left\{\eta>\frac{x_1-166}{93}\right\}\approx\frac{300}{1657}$$

于是

$$P\left\{\eta \leqslant \frac{x_1-166}{93}\right\}=\varPhi\left(\frac{x_1-166}{93}\right)\approx 1-\frac{300}{1657}\approx 0.819$$

查标准正态分布表可知 $0.819=\varPhi(0.91)$, 因而得 $\dfrac{(x_1-166)}{93}\approx 0.91$, 由此求的 $x_1\approx 251$, 也就是说, 最低分数线是 251.

第二步: 预测考生 B 的考试名次. 在 $\xi=256$ 分时, 查标准正态分布表可知

$$P\left\{\eta \leqslant \frac{256-166}{93}\right\}=\varPhi\left(\frac{256-166}{93}\right)\approx 0.8315$$

这表明, 因为考试成绩高于 256 分的频率是 $1-0.8315=0.1685$, 即成绩高于考生 B 的人数大约占总考生的 16.85%, 所以名次排在考生 B 之前的考生人数约有

$$1657\times 16.85\%\approx 280$$

即考生 B 大约排在 281 名. 由于一共招生 300 名, 故考生 B 可以被录取, 但是正式工只招 280 名, 而 $281>280$, 故考生 B 被录取为临时工的可能性很大.

可以进一步思考以下问题:

(1) 正态分布主要由两个参数决定: 数学期望 μ 和标准差 σ. 由正态分布的标准化定理 (见定理 3.1), 任何一个正态分布经过线性变换, 都可以化为标准正态分布, 即

$$\text{若 } X\sim N\left(\mu,\sigma^2\right),\quad \text{则 } Z=\frac{X-\mu}{\sigma}\sim N(0,1)$$

如果是因不同的标准导致 “随机变量值” 不统一, 该如何统一标准?

例如, 现有 1000 名选手面试, 分成 20 个面试小组, 每个小组有 3 名专家, 每组负责面试 50 名选手, 给每个选手打分, 用 3 名专家的平均分作为选手的得分, 打分的范围是 [0,100]. 最终在 1000 名选手中录取成绩在前 30 名的选手.

每组选手的成绩一般是近似服从正态分布, 现在有个关键问题: 每组 3 名专家的打分标准是不一样的, 也不可能是一样的. 例如, 有的专家组打分比较严格, 整体打分就比较低; 有的专家组打分要偏高一点. 如果不做技术上的处理, 很显然对一些选手是不公平的. 该如何处理呢?

(2) 某地抽样调查, 考生的英语成绩 (按百分制计算, 近似服从正态分布), 平均成绩为 72 分, 96 分以上的占考生总数的 2.3%, 试求考生的英语成绩在 60~84 分的概率.

(3) 某中学高二年级甲、乙两位学生五门课程的测验成绩 (每门课程满分均为 100 分) 如表 3.2 所示. 又经统计, 该年级五门课程这次测验的平均分数 (单位: 分) 分别是 70, 80, 65, 75, 68, 标准差 (单位: 分) 分别是 9, 6, 11, 8, 10. 试分别用标准分数比较甲、乙两位学生这次测验总分的顺序.

表 3.2　甲、乙两位学生五门课程成绩　(单位：分)

学生	语文	数学	英语	物理	化学
甲	75	87	62	78	70
乙	89	82	80	60	65

3.2.5　交通线路选择问题

例 3.5　某人要乘车到飞机场搭乘飞机, 现有两条路线可供选择. 走第一条路线所需时间 (单位：min) 为 X_1, $X_1 \sim N(50, 100)$; 走第二条路线所需时间 (单位：min) 为 X_2, $X_2 \sim N(60, 16)$. 为及时赶到机场：

(1) 若有 70min, 应选择哪一条路线更有把握? 若有 65min 呢?

(2) 若走第一条路线, 并以 95%的概率保证能及时赶上飞机, 距飞机起飞时刻至少需要提前多少时间出发? 若两条路线存在择优选择的问题, 则如何比较 “优劣” 呢?

解　(1) 若有 70min 可用, 两条路线可及时赶到机场的概率分别为

$$P(0 < X_1 \leqslant 70) = \varPhi\left(\frac{70-50}{10}\right) - \varPhi\left(\frac{0-50}{10}\right) = \varPhi(2) - \varPhi(-5) \approx \varPhi(2)$$

$$P(0 < X_2 \leqslant 70) = \varPhi\left(\frac{70-60}{4}\right) - \varPhi\left(\frac{0-60}{4}\right) = \varPhi(2.5) - \varPhi(-15) \approx \varPhi(2.5)$$

因为 $\varPhi(2.5) > \varPhi(2)$, 所以选第二条路线较好.

若有 65min 可用, 则

$$P(0 < X_1 \leqslant 65) = \varPhi\left(\frac{65-50}{10}\right) - \varPhi\left(\frac{0-50}{10}\right) = \varPhi(1.5) - \varPhi(-5) \approx \varPhi(1.5)$$

$$P(0 < X_2 \leqslant 65) = \varPhi\left(\frac{65-60}{4}\right) - \varPhi\left(\frac{0-60}{4}\right) = \varPhi(1.25) - \varPhi(-15) \approx \varPhi(1.25)$$

因为 $\varPhi(1.5) > \varPhi(1.25)$, 所以选第一条路线较好.

(2) 设需要提前 x min 出发, 应有

$$0.95 = \varPhi(1.65) \leqslant P(0 < X_1 \leqslant x) \approx \varPhi\left(\frac{x-50}{10}\right)$$

故 $\dfrac{x-50}{10} \geqslant 1.65$, 解得 $x \geqslant 66.5$. 因此距飞机起飞时刻至少需要提前 66.5min 出发, 才能以 95% 的概率保证及时赶上飞机.

类似地请思考如下问题:

(1) 在上面的案例中, 若沿第一条线路走, 到飞机场所需的时间 (单位: min) 是正态分布, 参数 $\mu = 27$, $\sigma = 5$; 沿第二条线路走, 分布也是正态的, 参数 $\mu = 30$, $\sigma = 2$. 若有 30min, 则选择哪一条路好些? 若有 34min 呢?

(2) 两台电子仪器的寿命 (单位: h) 分别为 X_1, X_2, 且 $X_1 \sim N\,(40, 36)$, $X_2 \sim N\,(45, 9)$, 若要在 45h 内使用这种仪器, 选择哪一种较好? 若在 52h 内使用呢?

3.2.6　公交车门高度的设计

例 3.6　通过抽样调查, 某市男子的身高 (单位: cm) 服从正态分布 $N\,(170, 36)$, 则如何设计公交车门的高度, 才能使得该市男子与车门碰头的概率小于 5%?

解　这是一道典型的正态分布应用题. 设 X 为该市男子的身高, 则 $X \sim N\,(170, 36)$, 又设公交车门的高度为 h (常数). 由题中条件知 $P\,(X > h) < 0.05$. 现在的问题就是根据标准正态分布的分布函数 $\varPhi\,(x)$ 的性质把 h 的临界值计算出来. 可计算得

$$P\,(X \leqslant h) \geqslant 0.95, \quad \varPhi\left(\frac{(h-170)}{6}\right) \geqslant 0.95 \approx \varPhi\,(1.645)$$

$$\frac{h-170}{6} > 1.645 \Rightarrow h > 179.87$$

因此公交车门高度至少为 179.87cm, 才能保证该市男子与车门碰头的概率小于 5%.

一般在医学、农业、工业等众多领域及日常生活中, 在确定一些临界值 (类似于上述案例) 时, 正态分布的性质发挥着重要的应用. 正态分布的应用如此广泛, 使得人们反过来思考一个问题: 周围的世界有哪些现象不服从正态分布呢? 试想一下若无正态分布, 该如何去了解、描述、研究和探讨周围丰富多彩的世界?

3.2.7　包装机工作问题

例 3.7　某车间用一台包装机包装葡萄糖, 包得的袋装葡萄糖质量是一个随机变量, 它服从正态分布. 当机器正常时, 其均值为 0.5kg, 标准差为 0.015kg. 某日开工后为检验包装机是否正常, 随机地抽取包装的 9 袋糖, 其中 1 袋质量为 0.453kg, 那么这台包装机是否工作正常?

解 根据 3σ 法则可推断该包装机是否工作正常. 由 3σ 法则, 如果包装机工作正常, 则每袋糖的质量 (单位: kg) 范围是 $(0.5-3\times 0.015,\ 0.5+3\times 0.015)$ 即 $(0.455, 0.545)$, 质量在这个区间之外的概率仅为 0.0026, 属于小概率事件. 现在 9 袋糖中有 1 袋质量为 0.453kg, 在以上区间之外, 小概率事件发生了, 这说明假设前提是不正确的, 即包装机没有工作正常.

类似地, 可考虑如下问题:

(1) 某厂用自动包装机装箱, 额定标准为每箱质量为 100kg, 设每箱质量服从正态分布, 标准差 $\sigma=1.15$kg, 某日开工后, 随机抽取 10 箱, 称得质量 (单位: kg) 分别如下:

99.3 98.9 101.5 101.0 99.6 98.7 102.2 100.8 99.8 100.9

那么这台自动包装机是否工作正常?

(2) 已知某炼铁厂铁水中碳的质量百分含量服从正态分布 $N(4.55, 0.1082)$ (单位: %). 现在测定了 9 炉铁水, 其平均碳的质量百分含量为 4.484%, 可否认为现在生产的铁水平均碳的百分含量仍为 4.55%?

注: 3σ 原则是正态分布的一个重要性质, 在现实生活中也有很重要的应用. 3σ 原则指的是: 若 $X\sim N\left(\mu,\sigma^2\right)$, 则

$$
\begin{aligned}
P(\mu-3\sigma\leqslant X\leqslant\mu+3\sigma)&=P\left(-3\leqslant\frac{X-\mu}{\sigma}\leqslant 3\right)\\
&=\Phi(3)-\Phi(-3)=2\Phi(3)-1\approx 0.9974
\end{aligned}
$$

上式表明, 虽然服从正态分布 $N\left(\mu,\sigma^2\right)$ 的随机变量在理论上取值范围是 $(-\infty,+\infty)$, 但它的值落在 $(\mu-3\sigma,\mu+3\sigma)$ 上是大概率事件 (概率为 0.9974, 如图 3.4 所示), 几乎是肯定要发生的. 所谓 3σ 原则, 其实就是: 在一次试验中, 服从正态分布的随机变量 X 的值落在距 μ 为 3σ 的范围以外是不合理的, 其根据就是小概率原理. 图 3.4 还表明

$$
\begin{aligned}
P(\mu-\sigma\leqslant X\leqslant\mu+\sigma)&=P\left(-1\leqslant\frac{X-\mu}{\sigma}\leqslant 1\right)\\
&=\Phi(1)-\Phi(-1)=2\Phi(1)-1\approx 0.6827
\end{aligned}
$$

$$
\begin{aligned}
P(\mu-2\sigma\leqslant X\leqslant\mu+2\sigma)&=P\left(-2\leqslant\frac{X-\mu}{\sigma}\leqslant 2\right)\\
&=\Phi(2)-\Phi(-2)=2\Phi(2)-1\approx 0.9545
\end{aligned}
$$

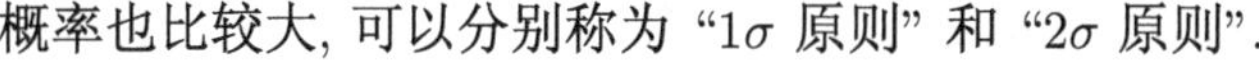
概率也比较大, 可以分别称为 "1σ 原则" 和 "2σ 原则".

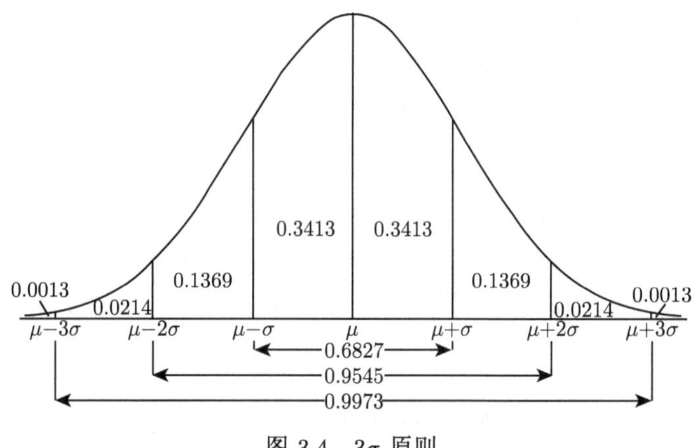

图 3.4 3σ 原则

3.2.8 轮船停泊问题

例 3.8 某码头能容纳一只船, 预知某日有甲、乙两船将独立地来到该码头, 且在 24h 内各时刻来到的可能性都相等. 如果它们需要停靠的时间分别为 3h 和 4h, 试求有一只船要在江中等待的概率.

解 设 X 表示甲船到达码头的时间, Y 表示乙船到达码头的时间. 由题中条件, 其均服从 $[0,24]$ 上的均匀分布, 即

X 的边缘密度函数为

$$f_X(x)=\begin{cases}\dfrac{1}{24}, & 0\leqslant x\leqslant 24\\ 0\ , & \text{其他}\end{cases}$$

Y 的边缘密度函数为

$$f_Y\left(y\right)=\begin{cases}\dfrac{1}{24}, & 0\leqslant y\leqslant 24\\ 0\ , & \text{其他}\end{cases}$$

X 与 Y 相互独立, 故 X 与 Y 的联合密度函数为

$$f\left(x,y\right)=\begin{cases}\dfrac{1}{24^2}, & 0\leqslant x\leqslant 24, 0\leqslant y\leqslant 24\\ 0\ , & \text{其他}\end{cases}$$

用事件 A 表示 "有一只船在江中等待", 则

$$A=\{Y<X<Y+4\}\bigcup\{X<Y<X+3\}$$

用 G 表示 xOy 平面上相应于事件 A 的区域, 即

$$G=\{(x,y)\,|y<x<y+4,x<y<x+3\}$$

又令 $\Omega=\{(x,y)\,|0\leqslant x\leqslant 24,0\leqslant y\leqslant 24\}$, 于是

$$P(A)=P\{(X,Y)\in G\}=\iint\limits_{G}f(x,y)\mathrm{d}x\mathrm{d}y=\iint\limits_{G\cap\Omega}\frac{1}{24^2}\mathrm{d}x\mathrm{d}y$$

由二重积分的几何意义, 易知上式最右边的积分为

$$\frac{S(G\bigcap\Omega)}{24^2}=\frac{24^2-\dfrac{1}{2}\times 21^2-\dfrac{1}{2}\times 20^2}{24^2}\approx 0.27$$

其中, $S(G\bigcap\Omega)$ 表示区域 $G\bigcap\Omega$ 的面积, 因此有一船在江中等待的概率约为 0.27.

3.2.9 犯罪分子的身高估计

例 3.9 某犯罪分子犯罪时留下了脚印, 公安人员在现场通过勘察, 测得其脚印长为 25.12cm, 试估计犯罪分子的身高. 一般情况下, 公安人员根据经验公式: 身高 = 脚印长度 ×6.876 来估计犯罪分子的身高, 那么这个公式是如何推导出来的?

解 回顾二维正态分布的有关公式如下.

如果 $(X,Y)\sim N(\mu_1,\mu_2,\sigma_1^2,\sigma_2^2,\rho)$, 则其概率密度为

$$f(x,y)=\frac{1}{2\pi\sigma_1\sigma_2\sqrt{1-\rho^2}}\exp\left\{-\frac{1}{2(1-\rho^2)}\left[\frac{(x-\mu_1)^2}{\sigma_1^2}-2\rho\frac{(x-\mu_1)(y-\mu_2)}{\sigma_1\sigma_2}+\frac{(y-\mu_2)^2}{\sigma_2^2}\right]\right\}$$

其中, $\mu_1\in\mathbf{R}$; $\mu_2\in\mathbf{R}$; $\sigma_1>0$; $\sigma_2>0$; $-1<\rho<1$. 二维正态分布的概率密度函数如图 3.5 所示. (X,Y) 的两个分量的分布都是正态分布, 分别为 $X\sim N(\mu_1,\sigma_1^2)$, $Y\sim N(\mu_2,\sigma_2^2)$. 两个条件分布也都是正态分布, 分别为

$$X\,|Y=y\sim N\left(\mu_1+\rho\frac{\sigma_1}{\sigma_2}(y-\mu_2),\ \ \sigma_1^2(1-\rho^2)\right)$$

$$Y\,|X=x\sim N\left(\mu_2+\rho\frac{\sigma_2}{\sigma_1}(x-\mu_1),\ \ \sigma_2^2(1-\rho^2)\right)$$

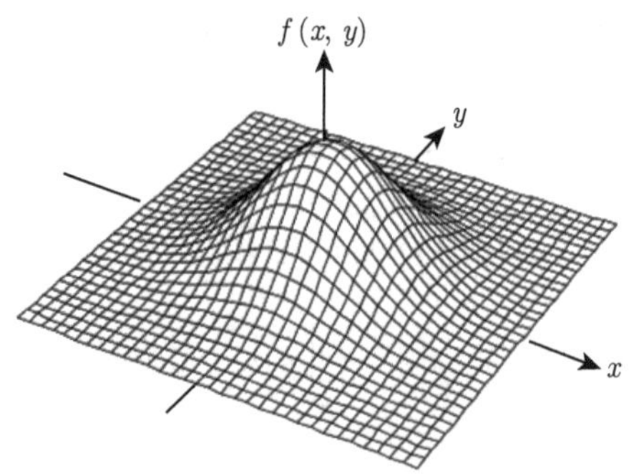

图 3.5　二维正态分布的概率密度函数

设一个人的身高为 X, 脚印长度为 Y. 显然, 两者之间是有统计关系的, 故应作为二维随机变量 (X,Y) 来研究.

由于影响人类身高与脚印的随机因素是大量的、相互独立的, 且各因素的影响又是微小的、可叠加的, 故由中心极限定理知 (X,Y) 可近似看成服从二维正态分布 $(X,Y)\sim N\left(\mu_1,\mu_2,\sigma_1^2,\sigma_2^2,\rho\right)$. 其中, 五个参数 μ_1, μ_2, σ_1, σ_2, ρ 由于区域、民族、生活习惯的不同而有所差异, 可通过统计抽样, 进行参数估计而获得. 现已知犯罪分子的脚印长度为 Y, 要估计其身高就要计算条件期望 $E(X|Y=y)$, 而条件密度为

$$f_{X|Y}(x|y)=\frac{f(x,y)}{f_Y(y)}=\frac{\sqrt{2\pi}\sigma_2}{2\pi\sigma_1\sigma_2\sqrt{1-\rho^2}}\cdot\frac{\exp\left\{-\dfrac{1}{2(1-\rho^2)}\left[\dfrac{(x-\mu_1)^2}{\sigma_1^2}-2\rho\dfrac{(x-\mu_1)(y-\mu_2)}{\sigma_1\sigma_2}+\dfrac{(y-\mu_2)^2}{\sigma_2^2}\right]\right\}}{\exp\left[-\dfrac{(y-\mu_2)^2}{\sigma_2^2}\right]}$$

通过对上式化简, 可知

$$X|Y=y\sim N\left(\mu_1+\rho\frac{\sigma_1}{\sigma_2}(y-\mu_2),\ \ \sigma_1^2\left(1-\rho^2\right)\right)$$

这正是前面回顾的二维正态分布的条件分布, 因而

$$E(X|Y=y)=\mu_1+\rho\frac{\sigma_1}{\sigma_2}(y-\mu_2)$$

将按中国人的相应参数 μ_1, μ_2, σ_1, σ_2, ρ 的值代入上式, 即可得到以脚印长度为自变量的身高近似公式: 身高 = 脚印长度 $\times 6.876$. 从而在本案例中, 该犯罪分子的身高估计为 $25.12\times6.876\approx172.7(\text{cm})$.

3.2.10 弹着点的分布

例 3.10 进行打靶时, 设弹着点 $A(X,Y)$ 的坐标 X 和 Y 相互独立, 且都服从正态分布 $N(0,1)$, 规定点 A 落入区域 $D_1=\left\{(x,y)\left|x^2+y^2\leqslant 1\right.\right\}$ 得 2 分; 点 A 落入区域 $D_2=\left\{(x,y)\left|1<x^2+y^2\leqslant 4\right.\right\}$ 得 1 分; 点 A 落入区域 $D_3=\left\{(x,y)\left|x^2+y^2>4\right.\right\}$ 得 0 分. 记打靶的得分为 Z, 试写出 X 和 Y 的联合概率密度, 并求 Z 的分布律.

解 X 和 Y 相互独立, 且服从正态分布 $N(0,1)$, 故 (X,Y) 的联合密度函数为

$$f(x,y)=f_X(x)f_Y(y)=\frac{1}{2\pi}\mathrm{e}^{-\frac{1}{2}\left(x^2+y^2\right)},\quad(-\infty<x,y<+\infty)$$

由题意得

$$\begin{aligned}P(Z=2)&=P\left\{(x,y)\in D_1\right\}\\&=\iint\limits_{D_1}\frac{1}{2\pi}\mathrm{e}^{-\frac{1}{2}\left(x^2+y^2\right)}\mathrm{d}x\mathrm{d}y\\&=\frac{1}{2\pi}\int_0^{2\pi}\mathrm{d}\theta\int_0^1 r\mathrm{e}^{-\frac{1}{2}r^2}\mathrm{d}r\\&=1-\mathrm{e}^{-\frac{1}{2}}\end{aligned}$$

$$\begin{aligned}P(Z=1)&=P\left\{(x,y)\in D_2\right\}\\&=\iint\limits_{D_2}\frac{1}{2\pi}\mathrm{e}^{-\frac{1}{2}\left(x^2+y^2\right)}\mathrm{d}x\mathrm{d}y\\&=\frac{1}{2\pi}\int_0^{2\pi}\mathrm{d}\theta\int_1^2 r\mathrm{e}^{-\frac{1}{2}r^2}\mathrm{d}r\\&=\mathrm{e}^{-\frac{1}{2}}-\mathrm{e}^{-2}\end{aligned}$$

$$\begin{aligned}P(Z=0)&=P\left\{(x,y)\in D_3\right\}\\&=\iint\limits_{D_3}\frac{1}{2\pi}\mathrm{e}^{-\frac{1}{2}\left(x^2+y^2\right)}\mathrm{d}x\mathrm{d}y\\&=\frac{1}{2\pi}\int_0^{2\pi}\mathrm{d}\theta\int_2^{+\infty} r\mathrm{e}^{-\frac{1}{2}r^2}\mathrm{d}r\\&=\mathrm{e}^{-2}\end{aligned}$$

因此, Z 的分布律为

$$Z \sim \begin{pmatrix} 0 & 1 & 2 \\ \mathrm{e}^{-2} & \mathrm{e}^{-\frac{1}{2}} - \mathrm{e}^{-2} & 1 - \mathrm{e}^{-\frac{1}{2}} \end{pmatrix}$$

3.2.11　连续型随机变量数学期望的本质

例 3.11　设连续型随机变量 X 的概率密度函数为 $p(x)$, 如果积分 $\int_{-\infty}^{+\infty} xp(x)\mathrm{d}x$ 绝对收敛, 则定义它为 X 的数学期望, 记为 $E(X)$, 即

$$E(X) = \int_{-\infty}^{+\infty} xp(x)\mathrm{d}x \tag{3.40}$$

已经知道离散型随机变量数学期望的本质是加权平均, 那么请用连续型随机变量数学期望定义式 (3.40) 的本质.

解　对于离散型随机变量, 其数学期望就是随机变量取值的加权平均值. 例如, 在一次考试中, 10 名学生有 2 人得 70 分, 5 人得 80 分, 3 人得 90 分, 那么他们的平均成绩为 81 分. 具体算法是

$$(70 \times 2 + 80 \times 5 + 90 \times 3) \div 10 = 70 \times 0.2 + 80 \times 0.5 + 90 \times 0.3$$

换一个观点看, 从这 10 个学生中任意抽取一人, 其考试成绩是随机变量 X, 其分布律如表 3.3 所示.

表 3.3　学生考试成绩分布

X/分	70	80	90
p	0.2	0.5	0.3

上述平均分算式的右端正好是随机变量 X 的各可能值与相应概率乘积之和, 即随机变量取值以其概率为权的加权平均. 因此很自然地想到定义离散型随机变量的均值 (常称为数学期望) 为 $\sum\limits_{i=1}^{\infty} x_i p_i$.

为了探讨连续型随机变量期望的本质, 先回顾一下定积分的定义.

计算定积分的基本步骤: ① 分割; ② 近似替代; ③ 求和; ④ 取极限.

例如, 积分 $\int_a^b f(x)\mathrm{d}x$ 就是把由 $x=a$, $x=b$, x 轴和 $f(x)$ 所围成的图形 (图 3.6 的阴影部分) 分割成 n 个近似小矩形, 其中 n 趋于无穷大; 第 i 个矩形的高

为 $f(x_i)$, 宽为 Δx, $\Delta x \to 0$. 则该积分的几何意义就是图 3.6 阴影部分的面积

$$\int_a^b f(x)\mathrm{d}x = \lim_{\substack{n\to\infty \\ \Delta x\to 0}} \sum_{i=0}^{n} f(x_i)\Delta x$$

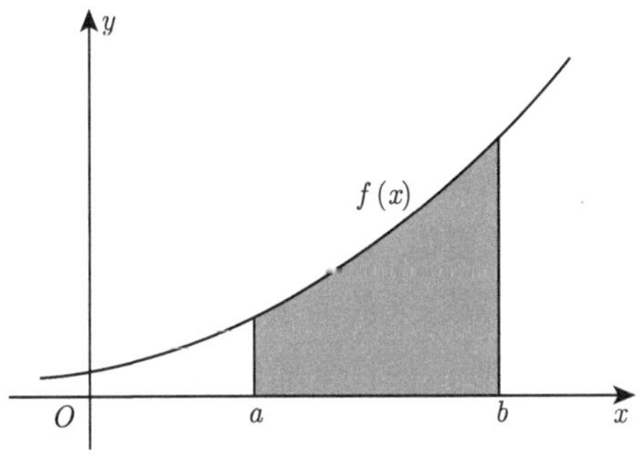

图 3.6 定积分

因此, 式 (3.40) 可改写为

$$E(X) = \int_{-\infty}^{+\infty} xp(x)\mathrm{d}x = \lim_{\substack{n\to\infty \\ \Delta x\to 0}} \sum_{i=0}^{n} x_i p(x_i)\Delta x \tag{3.41}$$

其中, $p(x_i)\Delta x$ 就是第 i 个近似小矩形面积, 而连续型随机变量的密度函数的区域面积就是对应区间的概率, 故 $p(x_i)\Delta x$ 就是随机变量 X 在 x_i 附近的概率, 即

$$p(x_i)\Delta x = P(x_i \leqslant X \leqslant x_i + \Delta x) \xlongequal{\text{定义为}} P_{\Delta x}(x_i)$$

将上式代入式 (3.41), 即得到

$$E(X) = \lim_{\substack{n\to\infty \\ \Delta x\to 0}} \sum_{i=0}^{n} x_i P_{\Delta x}(x_i) \tag{3.42}$$

由式 (3.42) 可以发现, 连续型随机变量的数学期望的本质也是加权平均值, 是加权平均后再取极限.

3.2.12 卖报的盈亏问题

例 3.12 卖报郎小王每天清晨从报社购进报纸零售, 晚上将没有卖掉的报纸退回. 每份报纸的购进价为 b 元, 零售价为 a 元, 退回价为 c 元, $a > b > c$. 小王售出一份报纸赚 $a-b$ 元, 退回一份报纸赔 $b-c$ 元. 小王每天购进的报纸太少, 不够卖出时会少赚钱, 如果购得太多卖不完时又要赔钱. 试为小王筹划每天应如何确定购进的报纸数, 以使得收益最大.

解　小王应根据需求量确定购进量, 而需求量是随机的, 因此这是一个风险决策问题. 假定小王已经通过自己每天卖报的经验或其他渠道掌握了需求量的分布规律, 即在他的销售范围内每天报纸的需求量为 r 份的概率为 $f(r)$ $(r=0,1,2,\cdots)$. 有了题目中的 a、b、c 和函数 $f(r)$ 后, 就可以建立关于购进量的优化模型.

假设每天购进量为 n 份, 由于需求量 r 是随机的, r 可小于 n、等于 n 或大于 n, 这就导致小王每天收入也是随机的. 因此, 作为优化命题的目标函数, 不能是小王每天的收入函数, 而应该是他长期卖报的日平均收入, 从概率论大数定律的观点看, 这相当于小王每天收入的期望值, 以下称它为平均收入. 记小王每天购进 n 份报纸时的平均收入为 $G(n)$, 如果这天的需求量 $r \leqslant n$, 则他售出 r 份, 退回 $n-r$ 份; 如果这天的需求量 $r>n$, 则 n 份将全部售出. 考虑到需求量为 r 的概率 $f(r)$, 因此

$$G(n)=\sum_{r=0}^{n}[(a-b)r-(b-c)(n-r)]f(r)+\sum_{r=n+1}^{\infty}(a-b)nf(r) \tag{3.43}$$

问题就归结为当 a、b、c 和 $f(r)$ 已知时, 求 n 使得 $G(n)$ 最大.

通常需求量 r 的取值和购进量 n 都相当大, 将 r 视为连续量更容易分析和计算, 这时式 (2.43) 可以转化为

$$G(n)=\int_0^n[(a-b)r-(b-c)(n-r)]f(r)\mathrm{d}r+\int_n^{\infty}(a-b)nf(r)\mathrm{d}r \tag{3.44}$$

在式 (3.44) 中, $f(r)$ 是需求量的概率密度函数. 为了求得 $G(n)$ 的最大值, 计算 $G(n)$ 的导数.

$$\begin{aligned}\frac{\mathrm{d}G(n)}{\mathrm{d}n}&=(a-b)nf(n)-\int_0^n(b-c)f(r)dr-(a-b)nf(n)+\int_n^{\infty}(a-b)f(r)\mathrm{d}r\\&=\int_n^{\infty}(a-b)f(r)\mathrm{d}r-\int_0^n(b-c)f(r)\mathrm{d}r\end{aligned}$$

令 $\dfrac{\mathrm{d}G(n)}{\mathrm{d}n}=0$ 得

$$\frac{\displaystyle\int_0^n f(r)\mathrm{d}r}{\displaystyle\int_n^{\infty}f(r)\mathrm{d}r}=\frac{a-b}{b-c} \tag{3.45}$$

由于概率密度函数 $f(r)$ 满足 $\displaystyle\int_0^{\infty}f(r)\mathrm{d}r=1$, 故式 (3.45) 可以变为

$$\int_0^n f(r)\mathrm{d}r=\frac{a-b}{a-c} \tag{3.46}$$

当需求量的概率密度函数 $f(r)$ 已知时, 由式 (3.43) 或式 (3.44) 就可以确定最优的购进量. 在式 (3.46) 中, $\int_0^n f(r)\mathrm{d}r$ 是需求量 r 不超过 n 的概率, 也即购进 n 份报纸卖不完的概率; $\int_n^\infty f(r)\mathrm{d}r$ 是需求量超过 n 的概率, 即购进 n 份报纸卖完的概率. 故式 (3.46) 表明, 小王应购进的份数 n 应该是卖不完与卖完的概率之比, 恰好等于卖出一份赚的钱 $a-b$ 与退回一份赔的钱 $b-c$ 之比. 显然, 当小王与报社签订的合同使小王赚钱与赔钱之比越大时, 小王购进的份数就应该越多.

可以思考如下问题：某个经销商根据以往的经验得出一种商品的需求量的概率分布规律如表 3.4 所示. 已知这种商品的进货价为 2 元, 销售价为 6 元, 如果有未卖完的, 只能以 1 元的折扣价出售, 那么该经销商想得到最大的收益, 应该订购多少这种商品?

表 3.4 某商品的需求量分布规律

某商品需求量	10	20	30	40	50	60
概率	0.10	0.10	0.20	0.35	0.15	0.1

3.2.13 数学期望在农业生产中的应用

例 3.13 某农场种植一种蔬菜, 根据以往经验, 这种蔬菜的市场需求量 X (单位：t) 服从 (500, 800) 上的均匀分布. 每售出 1t 此种蔬菜, 农场可获利 2.0 万元; 若销售不出去, 则农场每吨亏损 0.5 万元. 该农场应该生产这种蔬菜多少吨才能使平均收益最大?

解 设农场种植此种蔬菜 m t, 则应有 $500 \leqslant m \leqslant 800$. 又设 Y 为生产 m t 蔬菜的条件下的收益额 (单位：万元), 则收益额 Y 和蔬菜需求量 X 的函数关系可设为 $Y=f(X)$. 由所设条件知, 当 $X \geqslant m$ 时, 则此 mt 蔬菜全部售出, 共获利 $2.0m$ 万元; 当 $X<m$ 时, 则售出 Xt, 获利 $2.0X$ 万元, 还有 $(m-X)$ t 卖不出去, 获利 $-0.5\,(m-X)$ 万元, 因此, 共获利 $(2.5X-0.5m)$ 万元. 故有

$$Y=f\,(X)=\begin{cases} 2.0m\qquad\quad, & X \geqslant m \\ 2.5X-0.5m, & X<m \end{cases}$$

因此平均收益为

$$E\,(Y)=\int_{-\infty}^{+\infty} f\,(x)\,p_X\,(x)\mathrm{d}x$$

$$
\begin{aligned}
&= \int_{500}^{800} f(x) \frac{1}{300} \mathrm{d}x \\
&= \frac{1}{300} \left[\int_{m}^{800} 2.0m \mathrm{d}x + \int_{500}^{m} 2.5x - 0.5m \mathrm{d}x \right] \\
&= \frac{1}{240} \left(-m^2 + 1480m - 500^2 \right)
\end{aligned}
$$

对平均收益求导, 易知当 $m = 740\mathrm{t}$ 时, 能使平均收益 $E(Y)$ 达到最大, 即该农场应生产此种蔬菜 740t.

例 3.14 某农场完成某片土地翻耕工作的时间 X (单位: 天) 是一个随机变量, 当 X 分别取 8、9、10、11 时, 对应的概率分别为 0.3、0.4、0.2、0.1.

(1) 该农场完成此次翻地工作的平均天数是多少?

(2) 设该农场所花费为 Y=0.3X(单位: 万元). 该农场完成此次翻地工作的平均花费是多少?

(3) 若该农场调整工作安排, 当完成此次翻地工作的时间 X (单位: 天) 分别取 8、9、10 时, 对应的概率分别为 0.6、0.3、0.1, 则其平均花费可减少多少?

解 (1) 由离散型随机变量期望定义, 得该农场完成此次翻地工作的平均天数为

$$
E(X) = \sum_{i=1}^{4} x_i p_i = 9.1(\text{天})
$$

(2) 因为 $Y = 0.3X$, 所以当 Y 的值分别为 2.4、2.7、3.0、3.3 时, 对应的概率分别为 0.3、0.4、0.2、0.1, 故该农场的平均花费为

$$
E(Y) = \sum_{i=1}^{4} y_i p_i = 2.73(\text{万元})
$$

(3) 农场调整工作安排后, 当 Y 的值分别为 2.4、2.7、3.0 时, 对应的概率分别为 0.6、0.3、0.1, 故该农场的平均花费为

$$
E(Y) = \sum_{i=1}^{3} y_i p_i = 2.55(\text{万元})
$$

因此, 该农场的平均花费可减少 $2.73 - 2.55 = 0.18$ (万元).

例 3.15 农民张三要在一块地里种植一种农作物, 有三种可供选择的方案, 即种蔬菜、葡萄或水稻. 根据过去的经验可知, 天气干旱、天气正常、天气多雨的概率分别为 0.2、0.5、0.3. 每种农作物在这 3 种天气下获利情况见表 3.5. 农民张三种植何种作物才能获得最大利润?

解 设种蔬菜获利为 X_1、葡萄获利为 X_2、水稻获利为 X_3, 则它们的数学期望分别为

$$E(X_1)=\sum_{i=1}^{3}x_ip_i=1.03\ (\text{万元})$$

$$E(X_2)=\sum_{i=1}^{3}x_ip_i=1.12\ (\text{万元})$$

$$E(X_3)=\sum_{i=1}^{3}x_ip_i=0.95\ (\text{万元})$$

表 3.5 三种农作物分别在三种天气下的获利

天气	概率	种蔬菜/万元	种葡萄/万元	种水稻/万元
天气干旱	0.2	0.5	2.0	0.3
天气正常	0.5	1.5	1.2	1.3
天气多雨	0.3	0.6	0.4	0.8

从平均收益来看, 种葡萄收益大, 比种蔬菜多收益 0.09 万元, 比种水稻多收益 0.17 万元.

例 3.16 某农场拟投资两个项目：生产西红柿和大蒜, 其收益都与市场状态相关. 若把未来市场划分为好、中、差三个等级, 根据市场调查研究, 其发生的概率分别为 0.3、0.5、0.2, 当生产西红柿的收益 X(万元) 分别为 12、7、-4 时, 对应的概率分别为 0.3、0.5、0.2; 当生产大蒜的收益 Y (万元) 分别为 9、5、-2 时, 对应的概率分别为 0.3、0.5、0.2. 该农场是生产西红柿还是生产大蒜好呢?

解 先考察数学期望 (平均收益).

$$E(X)=\sum_{i=1}^{3}x_ip_i=6.3(\text{万元})$$

$$E(Y)=\sum_{i=1}^{3}x_ip_i=4.8(\text{万元})$$

从平均收益来看, 生产西红柿收益大, 比生产大蒜多收益 1.5 万元. 再来考察一下它们各自的方差与标准差.

$$D(X)=31.21,\quad D(Y)=14.56$$

$$\sigma(X)\approx 5.59,\quad \sigma(Y)\approx 3.82$$

因为方差及标准差越大, 收益的波动越大, 所以风险越大. 因此, 从方差及标准差来看, 种大蒜较稳妥, 减少风险约 32%, 但少收入 1.5 万元. 若农场的负责人敢于冒险, 就选择种西红柿, 成功后可以增加收益 1.5 万元.

3.2.14　数学期望在商业管理中的应用

例 3.17　某运输公司需要就是否与一家外企联营做出决策. 经过调研, 预计联营成功的概率为 0.3, 若联营成功, 可增加利润 60 万元/月; 若联营失败, 将损失 20 万元/月; 若不联营, 则利润不变. 企业该如何决策?

解　用 X 表示选择联营能增加的利润值, 则 X 的概率分布为: $P(X=50)=0.3$, $P(X=-20)=0.7$. 选择联营能增加的利润期望值为: $E(X)=60\times0.3+(-20)\times0.7=4$. 如果不联营, 则利润增加的期望值为零, 故应做出联营的决策.

例 3.18　作为商场, 要采购某种商品, 必定要考虑准备多少货源, 既能满足市场需求, 又不会产生积压, 这可征求一些有经验的采购员对采购量进行预测, 然后将其意见综合, 形成预测结果. 某企业计划明年采购某种商品, 现需预测采购量, 召集甲、乙两名采购员征求意见. 甲、乙两人预测的情况如表 3.6 所示, 试根据甲、乙两人的估计值为明年的采购量进行决策.

表 3.6　甲、乙两人对可采购量的预测

人员	可采购量		概率
甲	最高采购量	1500t	0.3
	最可能采购量	1200t	0.5
	最低采购量	1000t	0.2
乙	最高采购量	1800t	0.2
	最可能采购量	1600t	0.4
	最低采购量	1400t	0.4

解　甲、乙两人预测的期望采购量分别为

$$E\,(\text{甲})\;=0.3\times1500+0.5\times1200+0.2\times1000=1250(\mathrm{t})$$

$$E\,(\text{乙})\;=0.2\times1800+0.4\times1600+0.4\times1400=1560(\mathrm{t})$$

综合两名采购员的意见可得明年的采购量为

$$\overline{E}=\frac{E\,(\text{甲})+E\,(\text{乙})}{2}=\frac{1250+1560}{2}=1405(\mathrm{t})$$

例 3.19　库存过大或过小都不利于企业的发展, 当企业面临库存数量问题时, 可以利用数学期望的性质与特征, 决定最优库存量, 以降低成本, 增强企业对市场的反应能力. 端午期间某商场某种商品的进价为 65 元/kg, 零售价为 70 元/kg, 如果卖不出去, 则降价 20%处理; 如果供应短缺, 有关部门每千克罚款 10 元. 已知顾

客对该食品的需求量 X 服从 [20000, 80000] 上的均匀分布, 求该商场对该食品的最优存储策略.

解 因为需求量 X 服从 [20000, 80000] 上的均匀分布, 故需求量 X 的概率密度为

$$f(x)=\begin{cases}\dfrac{1}{60000}, & 20000\leqslant x\leqslant 80000\\ 0 \quad, & \text{其他}\end{cases}$$

设库存量为 y, 则 $20000\leqslant y\leqslant 80000$, 此时所得利润为

$$g(X)=\begin{cases}5y-10(X-y), & y\leqslant X\leqslant 80000\\ 5X-9(y-X), & 20000\leqslant X\leqslant y\end{cases}$$

期望利润为

$$\begin{aligned}E(g(X))&=\int_{-\infty}^{+\infty}g(x)f(x)\mathrm{d}x\\&=\frac{1}{60000}\left[\int_{20000}^{y}(14x-9y)\mathrm{d}x+\int_{y}^{80000}(15y-10x)\mathrm{d}x\right]\\&=\frac{1}{60000}\left(-12y^2+1380000y-3.48\times 10^{10}\right)\end{aligned}$$

令 $\dfrac{\mathrm{d}E[g(X)]}{\mathrm{d}y}=0$, 得 $y=57500$.

因此, 当库存为 57500kg 时, 期望利润最大, 且最大期望利润为 81250 元.

例 3.20 机器设备正常运行是企业完成任务的保障, 但机器的正常运行又离不开维护, 是否通过维护来提高收益, 是企业经营必须要考虑的问题. 某运输公司因资金紧张, 原计划淘汰的 3 辆叉车只好再用 1 年. 现 3 辆叉车每辆每天发生故障的概率为 0.4, 若每天先检修, 需花费 1 万元, 可使 3 辆叉车发生故障的概率都降为 0.2, 还可提高工作效率; 若每天叉车不出故障, 公司可获利 5 万元, 若 1 辆车出现故障可获利 2 万元, 2 辆出故障则亏损 1 万元, 3 辆叉车都出故障则亏损 3 万元. 那么, 公司该如何决策?

解 设 3 辆叉车检修前发生故障记为事件 A_1、B_1、C_1, 检修后发生故障记为事件 A_2、B_2、C_2. 用 X、Y 分别表示检修前和检修后公司的利润, 则

$$P(A_1)=P(B_1)=P(C_1)=0.4,\ \ P(A_2)=P(B_2)=P(C_2)=0.2$$

随机变量 X、Y 的概率分布为

$$P(X=-3)=0.4^3=0.064,\quad P(X=-1)=C_3^1\times 0.4^2\times 0.6=0.288$$

$$P(X=2)=C_3^2\times0.4\times0.6^2=0.432,\quad P(X=5)=0.6^3=0.216$$

$$P(Y=2)=C_3^2\times0.2\times0.8^2=0.384,\quad P(Y=5)=0.8^3=0.512$$

故

$$E(X)=(-3)\times0.064+(-1)\times0.288+2\times0.432+5\times0.216=1.464\ (\text{万元})$$

$$E(Y)=(-3)\times0.008+(-1)\times0.096+2\times0.384+5\times0.512=3.208\ (\text{万元})$$

因为 $E(Y)-1>E(X)$, 所以公司应该先检修再使用.

3.2.15　用概率论方法求解级数和积分

例 3.21　利用概率模型解决高等数学问题:

(1) 证明: $\sum\limits_{n=1}^{\infty}\dfrac{n}{(n+1)!}=1$.

(2) 对于任意实数 $\lambda>0$, 证明: $\lim\limits_{n\to\infty}\mathrm{e}^{-n\lambda}\sum\limits_{k=0}^{[n\lambda]}\dfrac{(n\lambda)^k}{k!}=\dfrac{1}{2}$.

(3) 计算积分 $\int_{-\infty}^{\infty}\left(ax^2+bx+c\right)\mathrm{e}^{-\left(x^2+2x+3\right)}\mathrm{d}x$.

(4) 计算积分 $\int_{-\infty}^{\infty}\left(ax^2+bx+c\right)\mathrm{e}^{-(2x+1)}\mathrm{d}x$.

(5) 计算二重积分 $\int_{-\infty}^{+\infty}\int_{-\infty}^{+\infty}|x-y|\,\mathrm{e}^{-\left(x^2+y^2\right)}\mathrm{d}x\mathrm{d}y$.

下面依次解决以上问题.

(1) **证明**　在广义几何分布 (见式 (3.37)) 中若取 $p_n=\dfrac{n}{n+1}$, 则有

$$\sum_{n=1}^{\infty}P(X=n)=\sum_{n=1}^{\infty}\left(1-\frac{1}{2}\right)\left(1-\frac{2}{3}\right)\cdots\left(1-\frac{n-1}{n}\right)\frac{n}{n+1}=\sum_{n=1}^{\infty}\frac{n}{(n+1)!}=1$$

(2) **分析**　$\mathrm{e}^{-n\lambda}\dfrac{(n\lambda)^k}{k!}$ 恰是服从参数为 $n\lambda$ 的泊松分布的随机变量取值为 k 的概率, 即

$$X\sim P(n\lambda),\quad P(X=k)=\mathrm{e}^{-n\lambda}\frac{(n\lambda)^k}{k!}$$

由泊松分布的可加性知, n 个独立且服从泊松分布的随机变量之和仍服从泊松分布, 故

$$X=X_1+X_2+\cdots+X_n$$

其中, $X_1,X_2,\cdots,X_n$ 独立同分布, $X_i\sim P(\lambda)$, $i=1,2,\cdots,n$, 当 $n\to\infty$ 时, 可用中心极限定理进一步考虑.

证明 设 $X_1,X_2,\cdots,X_n$ 为独立同分布的随机变量, 且 $X_i\sim P(\lambda)$, $i=1,2,\cdots,n$, 即

$$P(X_i=k)=\mathrm{e}^{-\lambda}\frac{\lambda^k}{k!},\quad i=1,2,\cdots,n,\quad k=0,1,2,\cdots$$

由泊松分布的可加性知, $\sum\limits_{i=1}^{n}X_i\sim P(n\lambda)$, 即

$$P\left(\sum_{i=1}^{n}X_i=k\right)=\mathrm{e}^{-n\lambda}\frac{(n\lambda)^k}{k!},\quad k=0,1,2,\cdots$$

$$E\left(\sum_{i=1}^{n}X_i\right)=D\left(\sum_{i=1}^{n}X_i\right)=n\lambda$$

由中心极限定理, 对任意的 x 有

$$\lim_{n\to\infty}P\left(\frac{\sum\limits_{i=1}^{n}X_i-n\lambda}{\sqrt{n\lambda}}\leqslant x\right)=\frac{1}{\sqrt{2\pi}}\int_{-\infty}^{x}\mathrm{e}^{-\frac{t^2}{2}}\mathrm{d}t$$

而

$$\lim_{n\to\infty}P\left(\frac{\sum\limits_{i=1}^{n}X_i-n\lambda}{\sqrt{n\lambda}}\leqslant x\right)=P\left(\sum_{i=1}^{n}X_i\leqslant n\lambda+x\sqrt{n\lambda}\right)=\sum_{k=0}^{[n\lambda+x\sqrt{n\lambda}]}\frac{(n\lambda)^k}{k!}\mathrm{e}^{-n\lambda}$$

故 $\lim\limits_{n\to\infty}\sum\limits_{k=0}^{[n\lambda+x\sqrt{n\lambda}]}\dfrac{(n\lambda)^k}{k!}\mathrm{e}^{-n\lambda}=\dfrac{1}{\sqrt{2\pi}}\displaystyle\int_{-\infty}^{x}\mathrm{e}^{-\frac{t^2}{2}}\mathrm{d}t.$

令 $x=0$, 即得 $\lim\limits_{n\to\infty}\mathrm{e}^{-n\lambda}\sum\limits_{k=0}^{[n\lambda]}\dfrac{(n\lambda)^k}{k!}=\dfrac{1}{2}.$

(3) **解** $x^2+2x+3=\dfrac{(x+1)^2+2}{2\left(\dfrac{1}{\sqrt{2}}\right)^2}$, 从而可以利用正态随机变量 $X\sim N\left(-1,\dfrac{1}{2}\right)$ 求此积分.

$$\text{原式}=\frac{\sqrt{\pi}}{\sqrt{\pi}}\mathrm{e}^{-2}\int_{-\infty}^{+\infty}\left(ax^2+bx+c\right)\mathrm{e}^{-(x+1)^2}\mathrm{d}x=\sqrt{\pi}\mathrm{e}^{-2}E\left(aX^2+bX+c\right)$$

$$= \sqrt{\pi}\mathrm{e}^{-2}\left[aE\left(X^2\right)+bE\left(X\right)+E\left(c\right)\right]=\sqrt{\pi}\mathrm{e}^{-2}\left(\frac{3}{2}a-b+c\right)$$

(4) **解** 利用服从参数 $\lambda=2$ 的指数分布的随机变量 X 的性质求此积分.

$$\begin{aligned}\text{原式} &= \frac{\mathrm{e}^{-1}}{2}\int_{-\infty}^{+\infty}\left(ax^2+bx+c\right)2\mathrm{e}^{-2x}\mathrm{d}x\\ &= \frac{\mathrm{e}^{-1}}{2}E\left(aX^2+bX+c\right)=\frac{\mathrm{e}^{-1}}{2}\left(\frac{1}{2}a+\frac{1}{2}b+c\right)\end{aligned}$$

(5) **解** 设二维随机变量 (X,Y) 的概率密度为

$$f\left(x,y\right)=\frac{1}{\pi}\mathrm{e}^{-\left(x^2+y^2\right)},\quad x,y\in\mathbf{R}$$

则 $(X,Y)\sim N\left(0,0,\frac{1}{2},\frac{1}{2},0\right)$, 且 $X\sim N\left(0,\frac{1}{2}\right)$, $Y\sim N\left(0,\frac{1}{2}\right)$, 由 $\rho=0$ 知 X 与 Y 相互独立, 故 $Z=X-Y\sim N\left(0,1\right)$. 因此,

$$\begin{aligned}\text{原式} &= \pi E\left(\left|X-Y\right|\right)=\pi\frac{1}{\sqrt{2\pi}}\int_{-\infty}^{+\infty}\left|z\right|\mathrm{e}^{-\frac{z^2}{2}}\mathrm{d}z\\ &= \sqrt{2\pi}\int_0^{+\infty}\mathrm{e}^{-\frac{z^2}{2}}\mathrm{d}\left(\frac{z^2}{2}\right)=\sqrt{2\pi}\end{aligned}$$

应用概率论方法求解高等数学问题的关键是根据题目的特点构造适当的概率模型, 进而利用模型的性质进行求解, 这些方法时常会达到事半功倍的效果, 既深化了对概率论知识的理解, 又拓宽了高等数学的解题思路. 请思考以下不等式的证明问题:

(1) 设 $f\left(x\right)$ 在区间 $[a,\ b]$ 上连续, 且 $f\left(x\right)>0$, 证明

$$\int_a^b f\left(x\right)\mathrm{d}x\cdot\int_a^b\frac{1}{f\left(x\right)}\mathrm{d}x\geqslant\left(a-b\right)^2$$

(2) 证明 $\left(\sum\limits_{n=1}^{\infty}c_na_n\right)^2\leqslant\sum\limits_{n=1}^{\infty}c_na_n^2$, 其中 $c_i\geqslant0$, 且 $\sum\limits_{i=1}^{+\infty}c_i=1$.

3.2.16 高质量产品的生产问题

例 3.22 Sigma (中文译名 “西格玛”) 是希腊字母 σ 的中文译音, 统计学上用来表示 “标准偏差”, 即数据的分散程度. 它可以用来衡量一个流程的完美程度, 显示每 100 万次操作中发生多少次失误 (如果 100 万次操作有 1 个失误, 记为 1ppm). σ 数值越高, 失误率就越低. 例如, $1\sigma\approx690000$ppm; $2\sigma\approx308000$ppm;

$3\sigma \approx 66800\text{ppm}$; $4\sigma \approx 6210\text{ppm}$; $5\sigma \approx 230\text{ppm}$; $6\sigma \approx 3.4\text{ppm}$; $7\sigma \approx 0\text{ppm}$. 问题是: 这些失误率数据与正态分布相应概率有什么联系?

解 在全面质量管理中, 已经知道

$$P(\mu - 3\sigma \leqslant X \leqslant \mu + 3\sigma) = 0.9974$$

这表明当某质量特性 $X \sim N(\mu, \sigma^2)$ 时, 其特性值落在区间 $(\mu - 3\sigma, \mu + 3\sigma)$ 以外的概率仅约为 0.26%, 即 27000ppm. 这是一个小概率事件, 通常在一次试验中是不易发生的, 一旦发生就认为流程质量发生了异常, 在质量检验和过程控制中就运用这一思想. 当公差不变时, 6σ 的质量水准就意味着产品合格率达到 99.9999998%, 即 $P(\mu - 6\sigma \leqslant X \leqslant \mu + 6\sigma) \approx 0.999999998$, 其特性值落在区间 $(\mu - 6\sigma, \mu + 6\sigma)$ 以外的概率仅约为十亿分之二, 即 0.002ppm.

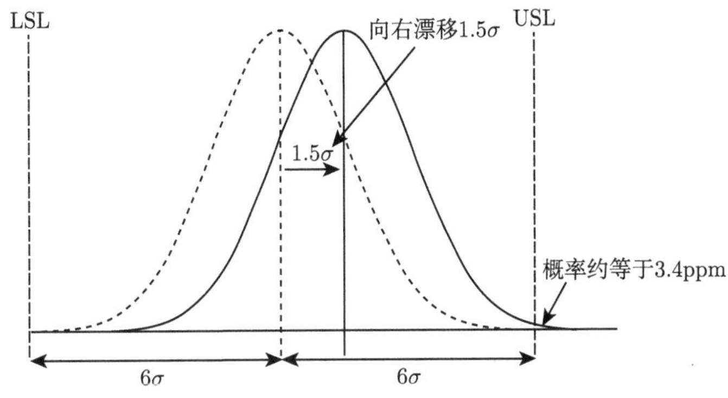

图 3.7 均值向右漂移 1.5σ

在实际生产中, 要考虑到均值的漂移, 一般为 1.5σ 向左或向右漂移, 这样 3σ 和 6σ 水准就不是 27000ppm 和 0.002ppm 了, 而是 66800ppm 和 3.4ppm. 其中 6σ 的漂移见图 3.7. 图 3.7 中 LSL 指规格下限, USL 指规格上限, 在上、下限之外均为不合格产品. 图 3.7 中实曲线表示漂移后的产品特性值概率密度, 处于上、下限之外的面积约为 3.4ppm, 这意味着在有 100 万个出现缺陷的机会的流程中, 实际出现的缺陷仅约为 3.4 个.

3.2.17 轧钢问题

例 3.23 轧钢工艺由两道工序组成, 第一道是粗轧, 轧出的钢材参差不齐, 可认为服从正态分布, 其均值可由轧机调整, 其方差则由设备的精度决定, 不能随意改变; 第二道是精轧, 精轧时, 首先测量粗轧出的钢材长度, 若短于规定长度, 则将

其报废, 若长于规定长度, 则切掉多余部分即可. 那么粗轧时, 怎样调整轧机的均值最经济?

解 (1) 分析问题.

设成品钢材的规定长度是 l, 粗轧后的钢材长度为 x, x 是随机变量, 它服从均值为 m、标准差为 σ 的正态分布 (其中 σ 已知, m 待定). x 的概率密度为

$$p(x)=\frac{1}{\sqrt{2\pi}\sigma}\exp\left(-\frac{1}{2\sigma^2}(x-m)^2\right)$$

轧制过程的浪费由两部分组成: 一是当 $x\geqslant l$ 时, 精轧要切掉长为 $x-l$ 的钢材; 二是当 $x<l$ 时, 长为 x 的整根钢材报废. 显然这是一个优化模型, 建模的关键是选择合适的目标函数. 考虑到轧钢的最终目的是获得成品钢, 故经济的轧钢要求不应以每粗轧一根钢材的平均浪费量最少为标准, 而应以每获得一根成品钢的平均浪费量最少为标准, 或等价于每次轧制 (包括粗轧、精轧) 的平均浪费量与每次轧制获得成品钢的平均长度之比最小为标准.

(2) 建立模型.

记 W 为每次轧制的平均浪费量, L 为每次轧制获得成品钢的平均长度, 则

$$W=\int_l^{+\infty}(x-l)\,p(x)\mathrm{d}x+\int_0^l xp(x)\mathrm{d}x=m-lP$$

其中, $P=\displaystyle\int_l^{+\infty}p(x)\mathrm{d}x$ 表示 $x\geqslant l$ 的概率.

$$L=\int_l^{+\infty}lp(x)\mathrm{d}x=lP$$

因此目标函数为

$$J_1=\frac{W}{L}=\frac{m-lP}{lP}=\frac{1}{l}\left(\frac{m}{P}-l\right)$$

(3) 求解模型.

由于 l 是常数, 故等价的目标函数为

$$J=\frac{m}{P}=\frac{m}{\displaystyle\int_l^{+\infty}p(x)\mathrm{d}x}=\frac{m}{1-\varPhi\left(\dfrac{l-m}{\sigma}\right)}$$

其中, $\varPhi(\cdot)$ 是标准正态变量的分布函数. 记

$$\lambda=\frac{l}{\sigma},\ z=\lambda-\frac{m}{\sigma},\ \varPhi_1(x)=1-\varPhi(x)=\int_x^{+\infty}\varphi(y)\mathrm{d}y$$

其中, $\varphi(y)=\dfrac{1}{\sqrt{2\pi}}\exp\left(-\dfrac{1}{2}y^2\right)$. 于是, $J=J(z)=\dfrac{\sigma(\lambda-z)}{\Phi_1(z)}$.

用微分法求 $J(\cdot)$ 的极小值点, 注意到 $\Phi_1(z)=-\varphi(z)$, 易知 z 的最优值 z^* 应满足方程

$$F(z)=\lambda-z \tag{3.47}$$

其中, $F(z)=\dfrac{\Phi_1(z)}{\varphi(z)}$. $F(z)$ 可根据标准正态分布函数 $\Phi(\cdot)$ 和 $\varphi(\cdot)$ 制成表格或画出图形以便求解.

(4) 具体计算实例.

设要轧制长为 5.0m 的成品钢材, 由粗轧设备等因素组成的方差精度 $\sigma=0.2$m, 需要将钢材长度的均值调整到多少才使浪费最少?

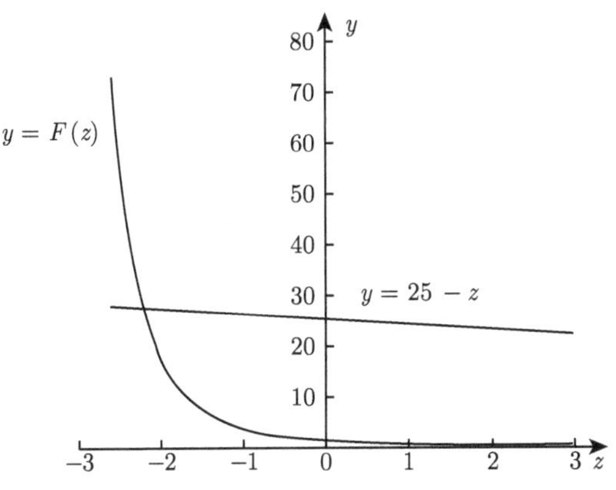

图 3.8 $y=F(z)$ 及 $y=25-z$ 的图形

由上面的分析及最优值点满足的方程可知 $\lambda=\dfrac{l}{\sigma}=25$. 首先作出 $F(z)$ 及 $y=25-z$ 的图形, 如图 3.8 所示. 不难得到两条曲线交点处的 z 值为 -2.19, 即为目标函数的最优值点 z, 从而 $m=\sigma(\lambda-z)=0.2\times(25+2.19)=5.438$, 即将钢材的均值调整到 5.438m 时浪费最少. 此时 $P=0.9857$, 每次轧制得到 1 根成品钢材平均浪费量为 $w=m-lp=5.438-5\times0.9857=0.5095$(m), 为了减少该数值, 只能提高粗轧设备的精度, 即减小 σ.

3.2.18 足球门前的危险区域

例 3.24 在足球比赛中, 球员在对方球门前不同的位置起脚射门对球门的威胁是不一样的. 在球门的正前方的威胁大于在球门两侧射门, 近距离的射门对球门的威胁大于远射. 已知标准足球场长为 104m, 宽为 69m; 球门高为 2.55m, 宽为

7.32m. 在实际中, 球员之间的基本素质可能有一定差异, 但对于职业球员来讲一般可认为这种差别不大. 另外, 根据统计资料显示, 射门时球的速度一般在 10m/s 左右. 请结合球场和足球赛的实际情况建模分析并研究下列问题:

(1) 针对球员在不同位置射门对球门的威胁度进行研究, 并绘制出球门的危险区域;

(2) 在有一名守门员防守的情况下, 对球员射门的威胁度和危险区域做进一步的研究.

解　(1) 模型的假定与符号说明.

① 模型的假定:

A. 在理想状态下, 认为球员是同质的, 即基本素质相同, 或差别不大;

B. 不考虑球员射门后空气、地面对球速的影响, 设球速为 10m/s;

C. 球员射门只在前半场进行, 为此假设前半场为有效射门区域;

D. 只考虑标准的球场: $(104\times 69)\mathrm{m}^2$ 和球门: $(7.32\times 2.55)\mathrm{m}^2$.

② 符号说明:

π 表示半场上的一个球门所在平面, 是地面以上的半平面; D 表示球门所围成的长方形区域, 于是有 $D\subset\pi$; $A(x_0,y_0)$ 表示球场上的点, (x_0,y_0) 为其坐标; $B(y,z)$ 表示球门内的点, (y,z) 为其坐标; $p(y,z)$ 表示从球场上 A 点对准球门内 B 点射门时, 命中球门概率; $D(x,y)$ 表示球场上 (x,y) 点对球门的威胁度; k 表示球员基本素质, 是一个相对指标; d 表示球场上 A 点到球门内 B 点直线距离; θ 表示直线 AB 在地面上的投影线与球门平面 π 的夹角 (锐角).

(2) 模型的建立与求解.

首先建立如图 3.9 所示的空间直角坐标系, 即以球门的底边中点位置为原点 O, 地面为 xOy 面, 球门所在的平面 π 为 yOz 面.

问题 (1) 的解决方案如下:

根据前面对问题的分析, 假设基本素质为 k 的球员从 $A(x_0,y_0)$ 点向距离为 d 的球门内目标点 $B(y_1,z_1)$ 射门时, 球在目标平面 π 上的落点呈现二维正态分布,

且随机变量 y, z 是相互独立的. 其概率密度为

$$f(y,z)=\frac{1}{2\pi}\mathrm{e}^{-\frac{(y-y_1)^2+(z-z_1)^2}{2\sigma^2}},\quad (y,z)\in\pi \tag{3.48}$$

其中, 标准差 σ 与球员素质 k 成反比, 与射门点 $A(x_0,y_0)$ 和目标点 $B(x_1,z_1)$ 之间的距离 d 成正比, 且偏角 θ 越大, 标准差 σ 越小. 当偏角 $\theta=\dfrac{\pi}{2}$ 时 (即正对球门中

心), 方差仅与 k, d 有关. 由此, 可以确定 σ 的表达式为

$$\sigma=\frac{d}{k}(\cot\theta+1)$$

其中, $\cot\theta=\dfrac{|y_1-y_0|}{x_0}$; $d=\sqrt{x_0^2+(y_1-y_0)^2+z_1^2}$.

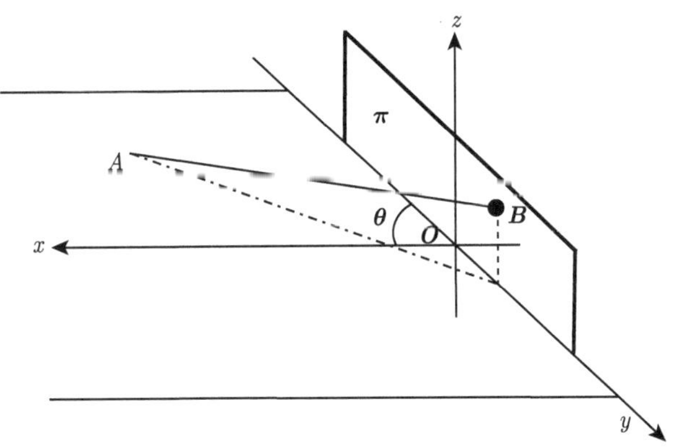

图 3.9　球门示意图

在式 (3.48) 的概率密度函数中, 关于变量 y, z 是对称的, 但实际中球只能落在地面以上, 即只有 $z\geqslant 0$. 为了平衡这个密度函数, 令

$$p_D(x_0,y_0;y_1,z_1)=\iint\limits_D f(y,z)\mathrm{d}y\mathrm{d}z=\iint\limits_D \frac{1}{2\pi\sigma^2}\mathrm{e}^{-\frac{(y-y_1)^2+(z-z_1)^2}{2\sigma^2}}\mathrm{d}y\mathrm{d}z$$

$$p_\pi(x_0,y_0;y_1,z_1)=\iint\limits_\pi f(y,z)\mathrm{d}y\mathrm{d}z=\iint\limits_\pi \frac{1}{2\pi\sigma^2}\mathrm{e}^{-\frac{(y-y_1)^2+(z-z_1)^2}{2\sigma^2}}\mathrm{d}y\mathrm{d}z$$

则取两者的比值即为这次射门命中球门的概率

$$p(x_0,y_0;y_1,z_1)=\frac{p_D(x_0,y_0;y_1,z_1)}{p_\pi(x_0,y_0;y_1,z_1)} \tag{3.49}$$

对命中球门的概率 [式 (3.49)] 在球门区域 D 内作积分, 定义为球场上某点 $A(x_0,y_0)$ 对球门的威胁度, 即

$$D(x_0,y_0)=\iint\limits_D p(x_0,y_0;y_1,z_1)\mathrm{d}y_1\mathrm{d}z_1$$

综合以上分析, 对于球场上任意一点 $A(x,y)$ 关于球门的威胁度为

$$D(x,y)=\iint\limits_D p(x,y;y_1,z_1)\mathrm{d}y_1\mathrm{d}z_1$$

其中,

$$p(x,y;y_1,z_1)=\frac{p_D(x,y;y_1,z_1)}{p_\pi(x,y;y_1,z_1)},\quad \sigma=\frac{d}{k}(\cot\theta+1)$$

$$d=\sqrt{x_0^2+(y_1-y_0)^2+z_1^2},\quad \cot\theta=\frac{|y_1-y_0|}{x_0}$$

要求解该问题一般是比较困难的, 只能采用数值积分的方法求解. 首先确定反应球员基本素质的参数 k, 具体的方法如下:

根据一般职业球员的情况, 认为一个球员在球门的正前方 $\theta=\frac{\pi}{2}$ 距离球门 10m 处 $(d=10)$ 向球门内的目标点劲射, 标准差应该在 1m 以内, 即取 $\sigma=1$, 由 $\sigma=\frac{d(\cot\theta+1)}{k}$ 可以得到 $k=10$. 于是, 当球员的基本素质 $k=10$ 时, 求解该模型可以得到球场上任意点对球门的威胁度, 部分特殊点的威胁度见表 3.7. 根据各点的威胁度的值可以做出球场上等威胁度的曲线, 如图 3.10 所示. 图 3.10 也明显地给出了球门的危险区域.

表 3.7　球场上离散点的威胁度表

位置	问题 (1)	问题 (2)	位置	问题 (1)	问题 (2)	位置	问题 (1)	问题 (2)	位置	问题 (1)	问题 (2)
(0,1)	14.4596	12.9378	(3,20)	7.9527	4.5720	(10,1)	0.8923	0.8156	(20,20)	2.4265	1.3406
(0,5)	14.535	12.008	(3,30)	5.3208	2.6637	(10,5)	5.3306	3.9194	(20,30)	2.1884	1.0768
(0,10)	12.6891	8.966	(3,50)	2.6450	1.0763	(10,10)	6.4650	4.3135	(20,50)	1.4515	0.5881
(0,20)	8.6371	4.8004	(5,1)	6.3046	5.8971	(10,20)	5.2425	3.0085	(30,1)	0.0121	0.0070
(0,30)	5.7115	2.7622	(5,5)	11.4106	8.9461	(10,30)	3.8175	1.9303	(30,5)	0.2187	0.1243
(0,50)	2.8121	1.0998	(5,10)	10.3640	7.2342	(10,50)	2.1189	0.8570	(30,10)	0.5863	0.3233
(3,1)	11.5649	10.9287	(5,20)	7.1593	4.1253	(20,1)	0.0602	0.0421	(30,20)	1.0853	0.5506
(3,5)	13.4801	10.9287	(5,30)	4.8669	2.4536	(20,5)	0.8761	0.5864	(30,30)	1.2052	0.5564
(3,10)	11.7578	8.3823	(5,50)	2.5063	1.0135	(20,10)	1.8474	1.1550	(30,50)	1.0133	0.3867

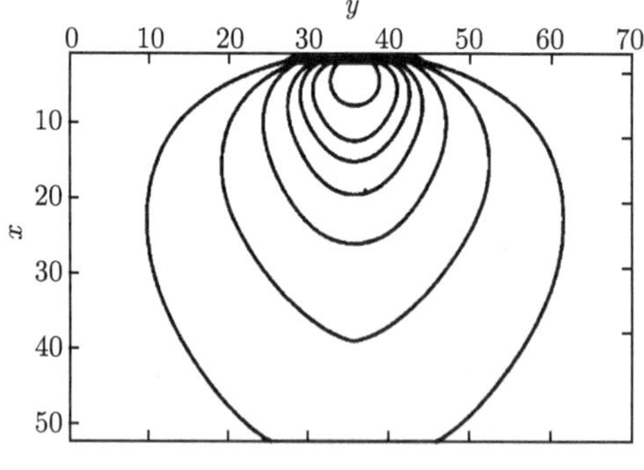

图 3.10　问题 (1) 的等威胁度曲线图

问题 (2) 的解决方案如下:

假设守门员站在射门点与两球门柱所夹角的角平分线上, 球员在球场上某点对球门内任意一点 $(y,z)\in D$ 起脚射门, 经过时间 t 到达球门平面, 球到达该点时, 守门员对球都有一个捕获的概率 $p_0(t,y,z)$, 下面先分析这个函数.

首先注意到, 当 t 一定时, $p_0(t,y,z)$ 是一个以守门员为中心向周围辐射衰减的二维函数.

当 t 变小时, 曲面的峰度应增高, 而面积减小, 因此采用二维正态分布的密度函数来描述这种变化趋势. 参数 t 表示从起脚射出到球抵达球门的时间, 也就是给守门员的反应时间, 该时间越长, 曲面越平滑, 综上可设

$$p_0(t,y,z)=\mathrm{e}^{-\frac{(y-a)^2+(z-1.25)^2}{ct}}$$

其中, c 为守门员的反应系数, 据专家预测, 一般正常人的反应速度为 0.12~0.15s. 根据著名的 "纸条试验" 可得到一般人反应时间约为 $\dfrac{\sqrt{2}}{10}$s (即摄像将一张纸条放在人的两手指之间, 当纸条在重力的作用下自由下落时, 由 $s=\dfrac{gt^2}{2}$ 可以计算出人的反应时间). 因此, 在此不妨设 $c=\dfrac{1}{7}$ (试验值). 于是可得守门员防守时偏离球门中心的距离为

$$a=\frac{7.32\sqrt{(y_0+3.66)^2+x_0^2}}{\sqrt{(y_0+3.66)^2+x_0^2}+\sqrt{(y_0-3.66)^2+x_0^2}}-3.66$$

在问题 (1) 的基础上, 对球员在球场以上一点 $A(x_0,y_0)$ 射入球门的概率应修正如下:

$$\begin{aligned}p_D(x_0,y_0;y_1,z_1)&=\iint\limits_D f(y,z)\left[1-p_0(t,y,z)\right]\mathrm{d}y\mathrm{d}z\\&=\iint\limits_D \frac{1}{2\pi\sigma^2}\mathrm{e}^{-\frac{(y-y_1)^2+(z-z_1)^2}{2\sigma^2}}\left[1-p_0(t,y,z)\right]\mathrm{d}y\mathrm{d}z\end{aligned}$$

即 $p_0(t,y,z)$ 表示守门员捕获球的概率, $1-p_0(t,y,z)$ 就表示捕不住球的概率. 于是可以得到球场上任意一点 $A(x,y)$ 对球门的威胁度为

$$D(x,y)=\iint\limits_D p(x,y;y_1,z_1)\mathrm{d}y_1\mathrm{d}z_1$$

其中, $p(x,y;y_1,z_1)=\dfrac{p_D(x,y;y_1,z_1)}{p_\pi(x,y;y_1,z_1)}$, $p_\pi(x,y;y_1,z_1)$ 同问题 (1), 且

$$\sigma=\frac{d}{k}(\cot\theta+1),\quad \cot\theta=\frac{|y_1-y|}{x},\quad d=\sqrt{x^2+(y_1-y)^2+z_1^2},\quad t=\frac{d}{\nu_0}$$

其中, ν_0 为常数.

这里同样取进攻球员的基本素质 $k=10$, 守门员的反应系数 $c=\dfrac{1}{7}$, 球速 $v_0=10\text{m/s}$, 类似于问题 (1) 的求解, 可得球场上任意点对球门的威胁度, 一些特殊点的威胁度如表 3.7 所示. 根据各点的威胁度的值也可以做出球场上等威胁度的曲线, 如图 3.11 所示.

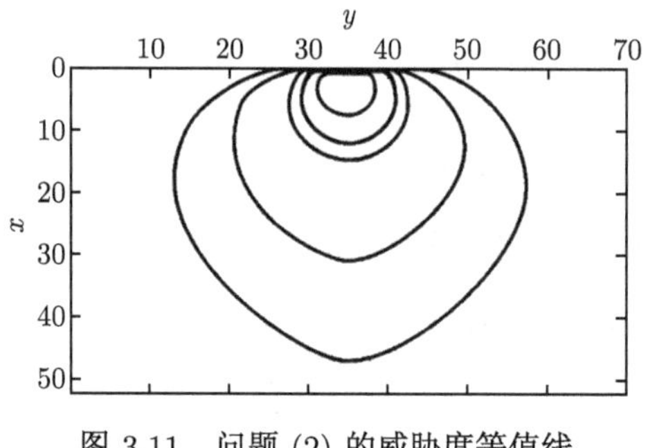

图 3.11　问题 (2) 的威胁度等值线

比较两个问题的结果可以看出, 问题 (2) 有防守的情况与问题 (1) 无防守的情况有很大的差别, 问题 (2) 主要是守门员的作用, 使得危险区明显的缩小. 威胁度最大的区域还是在球门的附近, 特别是正前方. 由此也说明了球场上的大、小禁区设置的合理性.

注：本模型采用的 k 值是估算出来的, 严格地讲, 应该通过大量的试验按统计规律确定可能更好. 本案例通过计算证明了当 k 增加 (即球员的素质增强) 时, 对球门的威胁明显增加, 危险区域变大; 相反, 当 k 减小时, 对球门的威胁减小, 即危险区域变小. 关于防守员素质, 在模型中并没有考虑, 这是为了问题的简化. 关于有多名队员的进攻与防守的情况和排兵布阵的相关问题, 就更复杂了.

第 4 章　大数定律及中心极限定理

极限定理是概率论的基本定理, 在概率论与数理统计的理论研究以及实际应用中具有十分重要的地位. 大数定律从理论上阐述了在一定条件下大量重复出现的随机现象呈现的稳定性, 中心极限定理是描述满足一定条件的一系列随机变量序列部分和的概率分布的极限定理. 本章首先回顾大数定律和中心极限定理的基本理论, 通过具体案例来说明大数定律和中心极限定理在实际中的应用.

4.1　大数定律及中心极限定理理论简介

4.1.1　切比雪夫不等式

定理 4.1 (切比雪夫不等式)　设随机变量 X 的数学期望 $E(X)=\mu$ 和方差 $D(X)=\sigma^2$ 均存在, 则对任意正数 $\varepsilon>0$, 不等式

$$P\{|X-\mu|\geqslant\varepsilon\}\leqslant\frac{\sigma^2}{\varepsilon^2} \tag{4.1}$$

恒成立.

4.1.2　大数定律

定理 4.2 (切比雪夫大数定律的特殊情况)　设 $X_1,X_2,\cdots,X_k,\cdots$ 是独立同分布的随机变量序列, $E(X_k)=\mu$, $D(X_k)=\sigma^2(k=1,2,\cdots)$ 均存在, 令

$$Y_n=\sum_{k=1}^{n}X_k,$$

则对任意正数 $\varepsilon>0$, 恒有

$$\lim_{n\to\infty}P\{|Y_n-\mu|\geqslant\varepsilon\}=0 \tag{4.2}$$

或

$$\lim_{n\to\infty}P\{|Y_n-\mu|<\varepsilon\}=1 \tag{4.3}$$

定理 4.3 (伯努利大数定律) 设 μ_A 是 n 次重复独立试验中事件 A 发生的次数, p 是事件 A 在每次试验中发生的概率, 则对于任意的正数 $\varepsilon > 0$, 恒有

$$\lim_{n\to\infty} P\left\{|\frac{\mu_A}{n} - p| < \varepsilon\right\} = 1 \tag{4.4}$$

或

$$\lim_{n\to\infty} P\left\{|\frac{\mu_A}{n} - p| \geqslant \varepsilon\right\} = 0 \tag{4.5}$$

定理 4.4 (切比雪夫大数定律) 设 $X_1, X_2, \cdots, X_k, \cdots$ 是两两不相关的随机变量列, 且它们的方差均有限, 并具有公共上界, 即

$$D(X_k) \leqslant C \qquad (k = 1, 2, \cdots)$$

其中, C 为正的常数, 则对任意给定的正数 $\varepsilon > 0$, 恒有

$$\lim_{n\to\infty} P\left\{\left|\frac{1}{n}\sum_{k=1}^{n} X_k - \frac{1}{n}\sum_{k=1}^{n} E(X_k)\right| < \varepsilon\right\} = 1 \tag{4.6}$$

定理 4.5 (辛钦大数定律) 设随机变量列 $X_1, X_2, \cdots, X_k, \cdots$ 独立同分布, 且具有数学期望 $E(X_k) = \mu \quad (k = 1, 2, \cdots)$, 则对任意正数 $\varepsilon > 0$, 恒有

$$\lim_{n\to\infty} P\left\{\left|\frac{1}{n}\sum_{k=1}^{n} X_k - \mu\right| \geqslant \varepsilon\right\} = 0 \tag{4.7}$$

4.1.3 中心极限定理

定理 4.6 (棣莫弗–拉普拉斯中心极限定理) 设随机变量 $Y_n (n = 1, 2, \cdots)$ 服从参数为 $n, p(0 < p < 1)$ 的二项分布, 则对于任意实数 x, 恒有

$$\lim_{n\to\infty} P\left\{\frac{Y_n - np}{\sqrt{np(1-p)}} \leqslant x\right\} = \int_{-\infty}^{x} \frac{1}{\sqrt{2\pi}} \mathrm{e}^{-\frac{t^2}{2}} \mathrm{d}t = \Phi(x) \tag{4.8}$$

定理 4.7 (林德贝格–勒维中心极限定理) 设 $X_1, X_2, \cdots, X_k, \cdots$ 是独立同分布的随机变量序列, 且 $E(X_k) = \mu$, $D(X_k) = \sigma^2 \neq 0 (k = 1, 2, \cdots)$ 均存在, 则随机变量

$$Y_n = \frac{\sum\limits_{k=1}^{n} X_k - n\mu}{\sqrt{n}\,\sigma}$$

的分布函数 $F_n(x)$ 对于任意的 x, 满足

$$\lim_{n\to\infty} F_n(x) = \lim_{n\to\infty} P\left\{\frac{\sum\limits_{k=1}^{n} X_k - n\mu}{\sqrt{n}\,\sigma} \leqslant x\right\} = \int_{-\infty}^{x} \frac{1}{\sqrt{2\pi}} \mathrm{e}^{-\frac{t^2}{2}} \mathrm{d}t = \varPhi(x) \tag{4.9}$$

4.2 应用案例分析

4.2.1 复杂数学等式的证明

例 4.1 试证明如下数学等式:

(1) $\lim\limits_{n\to\infty} \int_0^1 \int_0^1 \cdots \int_0^1 \frac{f(x_1)+f(x_2)+\cdots+f(x_n)}{g(x_1)+g(x_2)+\cdots+g(x_n)} \mathrm{d}x_1 \mathrm{d}x_2 \cdots \mathrm{d}x_n = \frac{\int_0^1 f(x)\mathrm{d}x}{\int_0^1 g(x)\mathrm{d}x}$, 其中, $f(x)$ 和 $g(x)$ 为 $[0,1]$ 上正的连续函数, 且存在常数 $c>0$ 使 $0<f(x)<cg(x)$.

(2) $\lim\limits_{n\to\infty} \sum\limits_{k=1}^{2n} \sum\limits_{t_1+t_2+\cdots+t_n=k} \left(\frac{k!}{t_1 t_2 \cdots t_n} \cdot \frac{1}{2^k}\right) = \frac{1}{2}$, 其中, n 是非负整数.

证明 (1) 建立随机模型. 设随机变量 $X_1, X_2, \cdots, X_n$ 相互独立且服从相同的均匀分布 $U[0,1]$, 则 $(X_1, X_2, \cdots, X_n)$ 的密度函数为

$$f(x_1, x_2, \cdots, x_n) = \begin{cases} 1, & 0 \leqslant x_1, x_2, \cdots, x_n \leqslant 1 \\ 0, & \text{其他} \end{cases}$$

记 $F = \int_0^1 f(x)\mathrm{d}x$, $G = \int_0^1 g(x)\mathrm{d}x$, 而

$$\begin{aligned} &\left| \int_0^1 \int_0^1 \cdots \int_0^1 \frac{f(x_1)+f(x_2)+\cdots+f(x_n)}{g(x_1)+g(x_2)+\cdots+g(x_n)} \mathrm{d}x_1 \mathrm{d}x_2 \cdots \mathrm{d}x_n - \frac{\int_0^1 f(x)\mathrm{d}x}{\int_0^1 g(x)\mathrm{d}x} \right| \\ \leqslant & \int_0^1 \int_0^1 \cdots \int_0^1 \left| \frac{f(x_1)+f(x_2)+\cdots+f(x_n)}{g(x_1)+g(x_2)+\cdots+g(x_n)} - \frac{F}{G} \right| \mathrm{d}x_1 \mathrm{d}x_2 \cdots \mathrm{d}x_n \\ \leqslant & \underset{A}{\int\int \cdots \int} \left| \frac{f(x_1)+f(x_2)+\cdots+f(x_n)}{g(x_1)+g(x_2)+\cdots+g(x_n)} - \frac{F}{G} \right| \mathrm{d}x_1 \mathrm{d}x_2 \cdots \mathrm{d}x_n \\ & + \underset{\bar{A}}{\int\int \cdots \int} \left| \frac{f(x_1)+f(x_2)+\cdots+f(x_n)}{g(x_1)+g(x_2)+\cdots+g(x_n)} - \frac{F}{G} \right| \mathrm{d}x_1 \mathrm{d}x_2 \cdots \mathrm{d}x_n \end{aligned}$$

其中, 对 $\forall\varepsilon \geqslant 0$,

$$A=\left\{(x_1,x_2,\cdots,x_n)\middle||\frac{1}{n}\sum_{i=1}^{n}f(x_i)-F|\leqslant\varepsilon,|\frac{1}{n}\sum_{i=1}^{n}g(x_i)-G|\leqslant\varepsilon\right\}$$

当 $0\leqslant x_i\leqslant 1, i=1,2,\cdots,n$ 时, 由于存在正的常数 $c>0$ 使 $0<f(x)<cg(x)$, 因此

$$\left[\frac{f(x_1)+f(x_2)+\cdots+f(x_n)}{g(x_1)+g(x_2)+\cdots+g(x_n)}-\frac{F}{G}\right]$$

有界, 即存在常数 $M>0$, 使得

$$\left|\frac{f(x_1)+f(x_2)+\cdots+f(x_n)}{g(x_1)+g(x_2)+\cdots+g(x_n)}-\frac{F}{G}\right|\leqslant M$$

故

$$\begin{aligned}&\iint\limits_{\bar{A}}\cdots\int\left|\frac{f(x_1)+f(x_2)+\cdots+f(x_n)}{g(x_1)+g(x_2)+\cdots+g(x_n)}-\frac{F}{G}\right|\mathrm{d}x_1\mathrm{d}x_2\cdots\mathrm{d}x_n\\ \leqslant& M\iint\limits_{\bar{A}}\cdots\int\mathrm{d}x_1\mathrm{d}x_2\cdots\mathrm{d}x_n\\ \leqslant& M\cdot P\left\{\left|\frac{1}{n}\sum_{i=1}^{n}f(x_i)-F\right|\geqslant\varepsilon\right\}+M\cdot P\left\{\left|\frac{1}{n}\sum_{i=1}^{n}g(x_i)-G\right|\geqslant\varepsilon\right\}\end{aligned}$$

又

$$Ef(\xi_i)=\int_0^1 f(x)\mathrm{d}x=F>0,\quad Eg(\xi_i)=\int_0^1 g(x)\mathrm{d}x=G>0$$

这样由辛钦大数定律可得

$$\lim_{n\to\infty}P\left\{\left|\frac{1}{n}\sum_{i=1}^{n}f(x_i)-F\right|\geqslant\varepsilon\right\}=0$$

$$\lim_{n\to\infty}P\left\{\left|\frac{1}{n}\sum_{i=1}^{n}g(x_i)-G\right|\geqslant\varepsilon\right\}=0$$

从而

$$\lim_{n\to\infty}\iint\limits_{\bar{A}}\cdots\int\left|\frac{f(x_1)+f(x_2)+\cdots+f(x_n)}{g(x_1)+g(x_2)+\cdots+g(x_n)}-\frac{F}{G}\right|\mathrm{d}x_1\mathrm{d}x_2\cdots\mathrm{d}x_n=0$$

另外, 有

$$\iint_A\cdots\int\left|\frac{f(x_1)+f(x_2)+\cdots+f(x_n)}{g(x_1)+g(x_2)+\cdots+g(x_n)}-\frac{F}{G}\right|\mathrm{d}x_1\mathrm{d}x_2\cdots\mathrm{d}x_n$$

$$=\iint_A\cdots\int\left|\frac{G\cdot\frac{1}{n}\sum_{i=1}^{n}f(x_i)-F\cdot\frac{1}{n}\sum_{i=1}^{n}g(x_i)}{G\cdot\frac{1}{n}\sum_{i=1}^{n}g(x_i)}\right|\mathrm{d}x_1\mathrm{d}x_2\cdots\mathrm{d}x_n$$

$$=\iint_A\cdots\int\left|\frac{G\cdot\left(\frac{1}{n}\sum_{i=1}^{n}f(x_i)-F\right)-F\cdot\left(\frac{1}{n}\sum_{i=1}^{n}g(x_i)-G\right)}{G\cdot\frac{1}{n}\sum_{i=1}^{n}g(x_i)}\right|\mathrm{d}x_1\mathrm{d}x_2\cdots\mathrm{d}x_n$$

$$\leqslant\frac{G\varepsilon+F\varepsilon}{G(G-\varepsilon)}$$

而

$$F=\int_0^1 f(x)\mathrm{d}x \quad 与 \quad G=\int_0^1 g(x)\mathrm{d}x$$

都是正的常数. 进一步, 由 ε 的任意性可知等式是成立的.

(2) 设 $P(X_1=k)=\frac{1}{2^k}, k=1,2,\cdots$, 则 $EX_1=2$, 又设 $X_1,X_2,\cdots,X_n$ 独立同分布, 则

$$P(X_1+X_2+\cdots+X_n)=\sum_{t_1+t_2+\cdots+t_n=k}\frac{k!}{t_1!t_2!\cdots t_n!}\cdot\frac{1}{2^k}$$

其中, $t_i, i=1,2,\cdots,n$ 是非负整数.

因为 $X_1,X_2,\cdots,X_n$ 是相互独立且同分布, 所以根据中心极限定理可得

$$\lim_{n\to\infty}P\left(\frac{\sum_{i=1}^{n}X_i-nEX_1}{\sqrt{nDX_1}}\leqslant 0\right)=\lim_{n\to\infty}P\left(\sum_{i=1}^{n}X_i\leqslant 2n\right)=\frac{1}{2}$$

于是可知要证的式子是成立的.

注: 概率论是一门研究随机现象中数量规律的科学, 利用概率论的思想方法证明等式、不等式等数学公式有一定的优越性, 其关键问题是根据式子的具体形式构造概率模型, 并利用概率分布、性质、中心极限定律、大数定律等来解决问题.

4.2.2 数学中极限的求解

例 4.2 试求解以下极限值：

(1) $\lim\limits_{n\to\infty}\int_0^1\int_0^1\cdots\int_0^1\dfrac{X_1^q+X_2^q+\cdots+X_n^q}{X_1^p+X_2^p+\cdots+X_n^p}\mathrm{d}X_1\mathrm{d}X_2\cdots\mathrm{d}X_n,\ q>p>0$;

(2) $\lim\limits_{n\to\infty}\sum\limits_{k=1}^{n}\dfrac{n^k}{k}\mathrm{e}^{-n}$;

(3) $\lim\limits_{n\to\infty}\dfrac{\left(\dfrac{n}{2}\right)^{\frac{n}{2}}}{\Gamma\left(\dfrac{n}{2}\right)}\displaystyle\int_0^{1+\sqrt{\frac{2}{n}}}y^{\frac{n}{2}-1}\mathrm{e}^{-\frac{ny}{2}}\mathrm{d}y$.

解 (1) 构造如下模型：

设随机变量序列 $X_1,X_2,\cdots,X_k,\cdots$ 相互独立，且是服从区间 $[0,1]$ 上的均匀分布，则 $X_1^q,X_2^q,\cdots,X_k^q,\cdots$ 独立同分布，$X_1^p,X_2^p,\cdots,X_k^p,\cdots$ 独立同分布.

又 $X_k,\ k=1,2,\cdots$ 的概率密度为

$$f(x_k)=\begin{cases}1, & 0\leqslant x_k\leqslant 1\\ 0, & \text{其他}\end{cases},\quad k=1,2,\cdots$$

且

$$EX_k^q=\int_0^1 x_k^q\mathrm{d}x_k=\frac{1}{q+1}$$

$$E(X_k^q)^2=\int_0^1(x_k^q)^2\mathrm{d}x_k=\frac{1}{2q+1}$$

$$DX_k^q=E(X_k^q)^2-(EX_k^q)^2=\frac{1}{2q+1}-\left(\frac{1}{q+1}\right)^2=\frac{q^2}{(2q+1)(q+1)^2}$$

其中，$k\geqslant 1$.

又因为

$$\sum_{k=1}^{\infty}\frac{DX_k^q}{k^2}=\sum_{k=1}^{\infty}\frac{1}{n^2}\cdot\frac{q^2}{(2q+1)(q+1)}=\frac{q^2}{(2q+1)(q+1)}\sum_{k=1}^{\infty}\frac{1}{n^2}<\infty$$

所以由辛钦大数定律可得

$$\lim_{n\to\infty}\left(\frac{1}{n}\sum_{k=1}^{n}X_k^q-\frac{1}{n}\sum_{k=1}^{n}EX^q\right)=0,\ \text{a.s.}$$

即有

$$\lim_{n\to\infty}\frac{1}{n}\sum_{k=1}^{n}X_k^q=\frac{1}{q+1},\ \text{a.s.}$$

又因为 $0 \leqslant x_k \leqslant 1, k \geqslant 1$, a.s., 且 $q > p$, 所以 $X_k^q \leqslant X_k^p, k \geqslant 1$, a.s., 于是

$$\sum_{k=1}^{n} X_k^q \leqslant \sum_{k=1}^{n} X_k^p, \text{ a.s.}$$

即有

$$0 \leqslant \frac{X_1^q + X_2^q + \cdots + X_n^q}{X_1^p + X_2^p + \cdots + X_n^p} \leqslant 1, \text{a.s.}$$

故对 $\forall n$, 有

$$\begin{aligned}
&\left|\int_0^1\int_0^1 \cdots \int_0^1 \frac{X_1^q + X_2^q + \cdots + X_n^q}{X_1^p + X_2^p + \cdots + X_n^p} \mathrm{d}X_1 \mathrm{d}X_2 \cdots \mathrm{d}X_n\right| \\
\leqslant &\int_0^1\int_0^1 \cdots \int_0^1 \left|\frac{X_1^q + X_2^q + \cdots + X_n^q}{X_1^p + X_2^p + \cdots + X_n^p}\right| \mathrm{d}X_1 \mathrm{d}X_2 \cdots \mathrm{d}X_n \\
\leqslant &1
\end{aligned}$$

这样有如下定理:

定理 4.8 (勒贝格控制收敛定理) 设 $\{X_n\}$ 为随机变量序列, $|X_n| \leqslant Y$, Y 可积, 且 $\lim\limits_{n\to\infty} X_n = X$ 存在, 则 $\lim\limits_{n\to\infty} EX_n = EX$.

可以得到

$$\begin{aligned}
&\lim_{n\to\infty}\int_0^1\int_0^1 \cdots \int_0^1 \frac{X_1^q + X_2^q + \cdots + X_n^q}{X_1^p + X_2^p + \cdots + X_n^p} \mathrm{d}X_1 \mathrm{d}X_2 \cdots \mathrm{d}X_n \\
=&\lim_{n\to\infty}\int_\Omega \frac{X_1^q(w) + X_2^q(w) + \cdots + X_n^q(w)}{X_1^p(w) + X_2^p(w) + \cdots + X_n^p(w)} P\mathrm{d}w \\
=&\int_\Omega \lim_{n\to\infty} \frac{X_1^q(w) + X_2^q(w) + \cdots + X_n^q(w)}{X_1^p(w) + X_2^p(w) + \cdots + X_n^p(w)} P\mathrm{d}w \\
=&\int_\Omega \frac{p+1}{q+1} P\mathrm{d}w \\
=&\frac{p+1}{q+1}\int_\Omega 1P\mathrm{d}w \\
=&\frac{p+1}{q+1}
\end{aligned}$$

因此, 极限

$$\lim_{n\to\infty}\int_0^1\int_0^1 \cdots \int_0^1 \frac{X_1^q + X_2^q + \cdots + X_n^q}{X_1^p + X_2^p + \cdots + X_n^p} \mathrm{d}X_1 \mathrm{d}X_2 \cdots \mathrm{d}X_n = \frac{p+1}{q+1}$$

(2) 建立如下随机模型：

设 $\{X_k\}$ 是相互独立的随机变量序列, 且都服从参数为 λ 的泊松分布, 由 $\{X_k\}$ 的独立性知

$$\sum_{k=1}^{n} X_k$$

服从参数为 n 的泊松分布, 因此有

$$P\left(\sum_{k=1}^{n} X_k \leqslant n\right) = \sum_{k=1}^{n} \frac{n^k}{k!}\mathrm{e}^{-n}$$

故由林德贝格–勒维中心极限定理可知

$$\lim_{n\to\infty} \sum_{k=1}^{n} \frac{n^k}{k}\mathrm{e}^{-n} = \frac{1}{2}$$

(3) 设 $\{X_n\}$ 为独立同分布的随机变量序列, $X_n(n \geqslant 1)$ 服从自由度为 1 的 χ^2 分布, 则 $E(X_n) = 1$, $D(X_n) = 2$, $n \geqslant 1$. 从而可以由林德贝格–勒维中心极限定理得

$$\lim_{n\to\infty} P\left(\frac{\sum\limits_{k=1}^{n} X_k - n}{\sqrt{n}\cdot\sqrt{2}} < t\right) = \int_{-\infty}^{t} \frac{1}{\sqrt{2\pi}}\mathrm{e}^{-\frac{x^2}{2}}\mathrm{d}x$$

即

$$\lim_{n\to\infty} P\left(\sum_{k=1}^{n} X_k < \sqrt{2n}t + n\right) = \int_{-\infty}^{t} \frac{1}{\sqrt{2\pi}}\mathrm{e}^{-\frac{x^2}{2}}\mathrm{d}x$$

又由于 $\chi^2(n)$ 的概率密度函数为

$$f(x) = \begin{cases} \dfrac{1}{2^{\frac{n}{2}}\varGamma\left(\dfrac{n}{2}\right)} x^{\frac{n}{2}-1}\mathrm{e}^{-\frac{x}{2}}, & x > 0 \\ 0, & x \leqslant 0 \end{cases}$$

因此, 可以得到

$$\begin{aligned} P\left(\sum_{k=1}^{n} X_k < \sqrt{2n}t + n\right) &= \frac{1}{2^{\frac{n}{2}}\varGamma\left(\dfrac{n}{2}\right)} \int_{0}^{\sqrt{2n}t+n} x^{\frac{n}{2}-1}\mathrm{e}^{-\frac{x}{2}}\mathrm{d}x \\ &\overset{x=ny}{=} \frac{1}{2^{\frac{n}{2}}\varGamma\left(\dfrac{n}{2}\right)} \int_{0}^{\sqrt{\frac{2}{n}}t+1} (ny)^{\frac{n}{2}-1}\mathrm{e}^{-\frac{ny}{2}} n\mathrm{d}y \end{aligned}$$

从而, 有

$$\lim_{n\to\infty}\frac{\left(\dfrac{n}{2}\right)^{\frac{n}{2}}}{\Gamma\left(\dfrac{n}{2}\right)}\int_0^{1+\sqrt{\frac{2}{n}}}y^{\frac{n}{2}-1}\mathrm{e}^{-\frac{ny}{2}}\mathrm{d}y=\frac{1}{\sqrt{2\pi}}\int_{-\infty}^{t}\mathrm{e}^{-\frac{y^2}{2}}\mathrm{d}y$$

注: 大数定律和中心极限定理是概率论的重要内容. 由大数定律可知, 当试验次数很大时, 频率和平均值具有稳定性, 这从理论上肯定了用算术平均值代替均值、用频率代替概率的合理性. 中心极限定理阐明了在什么条件下, 原来不属于正态分布的一些随机变量, 其总和渐近地服从正态分布, 为利用正态分布来解决这类随机变量的问题提供了理论依据. 它们都是通过极限理论来研究概率问题. 反过来, 利用大数定律和中心极限定理来处理极限问题也是一个重要的方法.

4.2.3 保险中的相关问题

例 4.3 某保险公司欲推出一项新的保险业务, 经决策层综合分析, 该业务每份保单的年赔付金额 X 服从参数为 0.001 的指数分布, 试建立每份保单的售价 Q(单位: 元) 与参保人数 n 的关系, 使得保险公司在该项业务上有 95%的把握处于盈利状态.

解 设 X_i 表示保险公司对第 i 个参保人的赔付金, $i=1,2,\cdots,n$, 则 X_1, $X_2,\cdots$, X_n 相互独立且都服从参数为 0.001 的指数分布, 于是 $E(X_i)=1000$, $D(X_i)=1000^2$.

保险公司如果想盈利, 自然要求 $\sum\limits_{i=1}^{n}X_i\leqslant nQ$, 于是由中心极限定理, 得

$$\begin{aligned}P\left\{\sum_{i=1}^{n}X_i\leqslant nQ\right\}&=P\left\{\frac{\sum\limits_{i=1}^{n}X_i-1000n}{1000\sqrt{n}}\leqslant\frac{nQ-1000n}{1000\sqrt{n}}\right\}\\&\approx\varPhi\left(\left(\frac{Q}{1000}-1\right)\sqrt{n}\right)\\&=0.95\end{aligned}$$

查标准正态分布表得

$$\left(\frac{Q}{1000}-1\right)\sqrt{n}=1.65$$

从而得到, 欲使保险公司在该项业务上有 95%的把握处于盈利状态时, 每份保单的

售价 Q 与参保人数 n 的关系为

$$Q \approx 1000 + \frac{1000 \times 1.65}{\sqrt{n}}$$

例 4.4　某保险公司多年统计资料表明, 在索赔户中, 被盗索赔户占 20%, 用 a 表示在随机抽查的 100 个索赔户中因被盗向保险公司索赔的户数.

(1) 写出 a 的概率分布;

(2) 利用中心极限定理, 求被盗索赔户不少于 14 户且不多于 30 户的概率近似值.

解　(1) 设在抽查的 100 个索赔户中, 被盗户数为 a, 则 a 可以看作在 100 次伯努利试验中, 被盗户数出现的次数, 而在每次试验中被盗户出现的概率为 0.2, 因此 $a \sim B(100, 0.2)$, 故 a 的概率分布是

$$P(a = i) = \mathrm{C}_{100}^{i} \times (0.2)^{i} \times (0.8)^{100-i}, \quad i = 0, 1, 2, \cdots, 100$$

(2) 被盗索赔户不少于 14 户且不多于 30 户的概率即为事件 $(14 \leqslant a \leqslant 30)$ 的概率, 由中心极限定理得

$$\begin{aligned} P(14 \leqslant a \leqslant 30) &= \varPhi\left(\frac{30 - 100 \times 0.2}{\sqrt{100 \times 0.2 \times 0.8}}\right) - \varPhi\left(\frac{14 - 100 \times 0.2}{\sqrt{100 \times 0.2 \times 0.8}}\right) \\ &= \varPhi(2.5) - \varPhi(-1.5) \\ &\approx 0.9940 - (1 - 0.9330) \\ &= 0.9270 \end{aligned}$$

例 4.5　某保险公司承保出租车事故险, 根据历年统计数字知道, 每辆出租车在一年内发生事故的概率为 0.1, 保险公司希望有 95%的置信度, 使实际事故率 (即事故次数除以保险车辆总数) 与预期事故率之差不超过 2%, 试求至少需要有多少辆出租车参保才能达到这一要求.

解　由大数定律可以知道, 在有足够多的标的物时, 实际损失结果与预期损失结果的误差将很小. 因此, 为了保证保险的财政稳定性, 标的物必须达到某个数, 这里给出这个数的确定方法.

假设有 n 个被保险单位, 每个被保险单位需要赔付的概率都为 p, 且 X 表示保险的损失次数, 则 $X \sim B(n, p)$. 令 $X_1, X_2, \cdots, X_n$ 为 n 个被保险单位需要赔付的随机变量, 则 $X_i, i = 1, 2, \cdots, n$ 的分布列如表 4.1 所示. 于是, 由大数定律及中

心极限定理可知, 当 n 很大时, 平均赔付次数为

$$\bar{X} \sim N\left(p, \frac{p(1-p)}{n}\right)$$

表 4.1 X_i 的分布列

X_i	0	1
p_r	$1-p$	p

从而可得平均赔付次数 $\bar{X}$ 的置信度为 $1-\alpha$ 的置信区间, 即

$$\left[p - z_{1-\frac{\alpha}{2}}\sqrt{\frac{p(1-p)}{n}}, p + z_{1-\frac{\alpha}{2}}\sqrt{\frac{p(1-p)}{n}}\right]$$

置信区间的长度为

$$2z_{1-\frac{\alpha}{2}}\sqrt{\frac{p(1-p)}{n}}$$

当置信度 $1-\alpha = 0.95$ 时, 分位点 $z_{1-\frac{\alpha}{2}} = 1.96$, 此时置信区间的长度为

$$3.92 \times \sqrt{\frac{p(1-p)}{n}}$$

当要求置信区间的长度为某一个较小的数值 ε 时, 就可以通过解方程

$$2z_{1-\frac{\alpha}{2}}\sqrt{\frac{p(1-p)}{n}} = \varepsilon$$

得到, 所需的数值 n(即被保险的单位数) 为

$$n = \frac{4z_{1-\frac{\alpha}{2}}^2 p(1-p)}{\varepsilon^2} \tag{4.10}$$

其中, $z_{1-\frac{\alpha}{2}}$ 可由预先确定的置信度为 $1-\alpha$ 数值查标准正态分布表即得; p 是被保险单位的损失概率, 它可以根据历年统计数字得到; ε 是需要得到的置信区间的长度; n 是在确定的置信度下为了达到置信区间的精度要求所需的被保险单位数.

已知 $p = 0.1$, 由置信度 $1-\alpha = 0.95$, 查标准正态分布表得到 $z_{1-\frac{\alpha}{2}} = 1.96$, 实际事故率 (即事故次数除以保险车辆总数) 与预期事故之差不超过 2%, 即 $\frac{\varepsilon}{2} = 0.02$, $\varepsilon = 0.04$, 将这些数据代入式 (4.10) 得

$$n = \frac{4z_{1-\frac{\alpha}{2}}^2 p(1-p)}{\varepsilon^2} = \frac{4 \times 1.96^2 \times 0.1 \times 0.9}{0.04^2} = 864.36$$

取正整数得 $n = 865$. 因此, 可得至少需有 865 辆出租车参加此项保险, 在每辆车的事故率为 $p = 0.1$ 时, 才能有 95%的置信度使实际事故的变动次数不超过总数的 2%, 即损失变动次数不超过 $865 \times 0.02 \approx 17$. 如果事故次数正常, 则平均数将为 $0.1 \times 865 \approx 87$, 标准差为 $\sqrt{865 \times 0.1 \times 0.9} \approx 9$.

如果进一步要求实际事故率与预期事故率之差不超过 1%, 即 $\dfrac{\varepsilon}{2} = 0.01$, $\varepsilon = 0.02$, 则

$$n = \frac{4z_{1-\frac{\alpha}{2}}^2 p(1-p)}{\varepsilon^2} = \frac{4 \times 1.96^2 \times 0.1 \times 0.9}{0.02^2} = 3457.44$$

从而取正整数得被保险单位数 $n = 3458$.

这样容易看出, 在置信度不变的情况下, 要求精度提高 1 倍, 则被保险单位数往往要提高数倍.

如果要求实际事故率与预期事故率之差不超过 1%, 进一步要求有 99.7%的置信度, 则 $z_{1-\alpha/2} = 3$, $\varepsilon/2 = 0.01$, $\varepsilon = 0.02$,

$$n = \frac{4z_{1-\frac{\alpha}{2}}^2 p(1-p)}{\varepsilon^2} = \frac{4 \times 3^2 \times 0.1 \times 0.9}{0.02^2} = 8100$$

这样容易看出, 在精确度要求不变的情况下, 置信度要求越高, 所需要的被保险单位数也越多; 反之, 置信度要求越低, 所需要的被保险单位数就越少.

通过以上讨论可知, 在保险实务中, 大数定律中的 “大数” 是具有相对性的, n 的数值是否满足要求, 要看它是否满足精度的要求. 而这种精度主要体现在两个方面: 一方面是置信度的精度要求; 另一方面就是置信区间的精度要求. 根据两方面的精度要求准确地确定出 “大数” 的数值, 对于保险公司合理制定计划, 保证保险财政的稳定性显然是十分必要的.

4.2.4　学生家长会的参会人数

例 4.6　一般来说, 对于一个学生而言, 来参加家长会的家长人数是一个随机变量. 设一个学生无家长、1 名家长和 2 名家长来参加家长会的概率分别为 0.05、0.8 和 0.15. 若学校共有 400 名学生, 设每名学生参加家长会的家长人数相互独立, 且服从同一分布. 求:

(1) 参加家长会的家长人数超过 450 的概率;

(2) 有 1 名家长来参加家长会的学生人数不多于 340 的概率.

解　设 X_k 表示第 k 个学生的参加家长会的家长人数, $k = 1, 2, \cdots, 400$, 则 X_k 的分布列如表 4.2 所示.

表 4.2 X_k 的分布列

X_k	0	1	2
p_r	0.05	0.8	0.15

从而, $E(X_k)=1.1$, $D(X_k)=0.19$.

(1) 设 X 表示参加家长会的家长人数, 则 $X=\sum\limits_{k=1}^{400}X_k$, 且

$$E(X)=E\left(\sum_{k=1}^{400}X_k\right)=400\times1.1,\quad D(X)=D\left(\sum_{k=1}^{400}X_k\right)=400\times0.19$$

故由中心极限定理可得, 参加家长会的家长人数超过 450 的概率为

$$\begin{aligned}P(X>450)&=P\left(\frac{X-400\times1.1}{\sqrt{400\times0.19}}>\frac{450-400\times1.1}{\sqrt{400\times0.19}}\right)\\&=1-P\left(\frac{X-400\times1.1}{\sqrt{400\times0.19}}\leqslant\frac{450-400\times1.1}{\sqrt{400\times0.19}}\right)\\&\approx1-\Phi\left(\frac{450-400\times1.1}{\sqrt{400\times0.19}}\right)\\&\approx1-\Phi(1.147)\\&\approx1-0.8643\\&=0.1357\end{aligned}$$

(2) 设 Y 表示有一名家长来参加家长会的学生数, 则 $Y\sim b(400,0.8)$, $E(Y)=400\times0.8$, $D(Y)=400\times0.8\times0.2$. 从而, 由中心极限定理可以得到, 有 1 名家长来参加家长会的学生人数不多于 340 的概率为

$$\begin{aligned}P(Y\leqslant340)&=P\left(\frac{Y-400\times0.8}{\sqrt{400\times0.8\times0.2}}\leqslant\frac{340-400\times0.8}{\sqrt{400\times0.8\times0.2}}\right)\\&\approx\Phi\left(\frac{340-400\times0.8}{\sqrt{400\times0.8\times0.2}}\right)\\&=\Phi(2.5)\\&\approx0.9938\end{aligned}$$

4.2.5 商业管理中的相关问题

例 4.7 某商店负责供应某地 1000 人的商品, 某种商品在一段时间内每人需

用一件的概率为 0.6, 假定在这段时间每个人购买与否彼此独立, 那么商店应备多少件这种商品才能以 99.7%的概率保证不脱销?

解 设每个人是否购买为随机变量 X_k, 则有

$$X_k=\begin{cases}1, & 第\ k\ 人购买\\ 0, & 第\ k\ 人不购买\end{cases},\quad k=1,2,\cdots,1000$$

且随机变量 $X_1,X_2,\cdots,X_{1000}$ 相互独立. 又设商店应预备 m 件这种商品, 则

$$X=\sum_{k=1}^{1000}X_k$$

服从参数 $n=1000, p=0.6$ 的二项分布. 依题意知

$$P(X_k=1)=0.6,\quad P(X_k=0)=0.4$$

因此, X 的数学期望 $E(X)$ 和方差 $D(X)$ 分别为

$$E(X)=np=1000\times0.6=600$$

$$D(X)=np(1-p)=1000\times0.6\times(1-0.6)=240$$

从而, 由中心极限定理得

$$P\left(\sum_{k=1}^{1000}X_k\leqslant m\right)\approx\varPhi\left(\frac{m-600}{\sqrt{240}}\right)\geqslant0.997$$

查标准正态分布表得

$$\frac{m-600}{\sqrt{240}}\approx2.75$$

解之得 $m\approx643$.

因此, 商店应至少预备 643 件这种产品才能以 99.7%的概率保证不脱销.

例 4.8 商店某部有 10 台同型号的电器, 每台电器开动时需用电力 1kW. 每台电器的开、停可理解为处于随机状态, 且相互独立, 如果每台电器开着的概率为四分之一. 那么至少应供应这批电器多少电力, 才能有 99%的把握保证这批电器都能正常工作?

解 将一台电器是否工作视为一次试验, 则 10 台电器中工作着的电器数 X 服从 $B(10,1/4)$. 假设供电 $m\,\mathrm{kW}$ 才能以 99%的概率保证用电, 即

$$P(X\leqslant m)\geqslant0.99$$

随机变量 X 的数学期望 $E(X)$ 和方差 $D(X)$ 分别为

$$E(X) = 10 \times \frac{1}{4} = 2.5$$

$$D(X) = 10 \times \frac{3}{4} \times \frac{1}{4} = 1.875$$

因此, 由中心极限定理知, X 近似服从正态分布, 从而有

$$P(0 \leqslant X \leqslant m) = \varPhi\left(\frac{m-2.5}{\sqrt{1.875}}\right) - \varPhi\left(\frac{0-2.5}{\sqrt{1.875}}\right)$$

$$\approx \varPhi\left(\frac{m-2.5}{\sqrt{1.875}}\right)$$

经查标准正态分布表得

$$\frac{m-2.5}{\sqrt{1.875}} \approx 2.33$$

解之得 $m \approx 5.69$.

这说明至少给这个部门供电 5.69kW, 那么由于供电而影响工作的概率才小于 0.01.

例 4.9 抽样检验产品质量时, 如果发现次品个数多于 10 个, 则拒绝接受这批产品. 设某批产品的次品率为 10%, 至少应该抽取多少个检查, 才能保证拒绝该产品的概率达到 0.9?

解 设至少应该抽取 m 件产品, X 为其中的次品数, 又设

$$X_i = \begin{cases} 1, & \text{第 } i \text{ 次抽得次品} \\ 0, & \text{第 } i \text{ 次抽得正品} \end{cases}, \qquad i = 1, 2, \cdots, n$$

且随机变量 $X_1, X_2, \cdots, X_n$ 相互独立, 则有次品数

$$X = \sum_{i=1}^{n} X_i$$

又由于随机变量 X_i 的数学期望 $E(X_i)$ 和方差 $D(X_i)$ 分别为

$$E(X_i) = 0.1$$

$$D(X_i) = 0.1 \times (1 - 0.1) = 0.09$$

因此, 随机变量 X 的数学期望 $E(X)$ 和方差 $D(X)$ 分别为

$$E(X) = 0.1n$$

$$D(X) = 0.09n$$

从而, 由中心极限定理得

$$P(10 < X \leqslant n) \approx \Phi\left(3\sqrt{n}\right) - \Phi\left(\frac{100-n}{3\sqrt{n}}\right)$$

因为当 n 充分大时, $\Phi\left(3\sqrt{n}\right) \approx 1$, 所以有

$$P(10 < X \leqslant n) \approx 1 - \Phi\left(\frac{100-n}{3\sqrt{n}}\right)$$

即有 $\Phi\left(\frac{n-100}{3\sqrt{n}}\right) \geqslant 0.9$, 这样通过查标准正态分布表可以得到

$$\frac{n-100}{3\sqrt{n}} \geqslant 1.28$$

解之得 $n \geqslant 147$.

因此, 至少应检验 147 件产品, 才能保证拒绝该产品的概率达到 0.9.

例 4.10　商场中的食品摊位有三种蛋糕出售, 由于售出哪一种蛋糕是随机的, 因而售出一个蛋糕的价格是一个随机变量, 它取 1 元、1.2 元、1.5 元各个值的概率分别为 0.3、0.2、0.5. 若售出 300 个蛋糕, 求:

(1) 收入至少 400 元的概率;

(2) 求售出价格为 1.2 元的蛋糕多于 60 个的概率.

解　(1) 设 X_i 为售出的第 i 个蛋糕的价格, $i = 1, 2, \cdots, 300$, 则 $\{X_i\}$ 是独立同分布的随机变量序列, 且 X_i 的分布列如表 4.3 所示.

表 4.3　X_i 的分布列

X_i/元	1	1.2	1.5
p_r	0.3	0.2	0.5

从而, X_i 的数学期望 $E(X_i)$ 和方差 $D(X_i)$ 分别为

$$E(X_i) = 1 \times 0.3 + 1.2 \times 0.2 + 1.5 \times 0.5 = 1.29$$

$$E(X_i^2) = 1^2 \times 0.3 + 1.2^2 \times 0.2 + 1.5^2 \times 0.5 = 1.713$$

$$D(X_i) = E(X_i^2) - E^2(X_i) = 1.713 - 1.29^2 = 0.0489$$

设 X 表示全天蛋糕的收入, 则

$$X = \sum_{i=1}^{300} X_i$$

进而得到 X 的数学期望 $E(X)$ 和方差 $D(X)$ 分别为

$$E(X) = 300 \times 1.29 = 387$$

$$D(X) = 300 \times 0.0489 = 14.67$$

于是, 由中心极限定理得

$$\begin{aligned} P(X \geqslant 400) &= 1 - P(X < 400) \\ &\approx 1 - \varPhi\left(\frac{400 - 387}{\sqrt{14.67}}\right) \\ &\approx 1 - \varPhi(3.39) \\ &\approx 1 - 0.9965 \\ &= 0.0035 \end{aligned}$$

(2) 设 Y_i 表示售出价格为 1.2 元的蛋糕的个数, $i = 1, 2, \cdots, 300$, 则 $\{Y_i\}$ 是独立同分布的随机变量序列, 且 Y_i 的分布列如表 4.4 所示.

表 4.4 Y_i 的分布列

Y_i/个	0	1
p_r	0.8	0.2

从而, Y_i 的数学期望 $E(Y_i)$ 和方差 $D(Y_i)$ 分别为

$$E(Y_i) = 0 \times 0.8 + 1 \times 0.2 = 0.2$$

$$E(Y_i^2) = 0^2 \times 0.8 + 1^2 \times 0.2 = 0.2$$

$$D(Y_i) = E(Y_i^2) - E^2(Y_i) = 0.2 - 0.2^2 = 0.16$$

设 Y 表示当天售出价格 1.2 元的蛋糕数, 则

$$Y = \sum_{i=1}^{300} Y_i$$

进而得到 Y 的数学期望 $E(Y)$ 和方差 $D(Y)$ 分别为

$$E(Y)=300\times 0.2=60$$

$$D(Y)=300\times 0.16=48$$

于是, 由中心极限定理得

$$\begin{aligned}P(Y>60)&=1-P(Y\leqslant 60)\\&\approx 1-\Phi\left(\frac{60-60}{\sqrt{0.16}}\right)\\&=0.5\end{aligned}$$

例 4.11　某商场有员工 5000 人, 只有一个开水房, 由于每天傍晚打开水的人较多, 经常出现员工排长队的现象, 为此商场向后勤集团提议增设水龙头. 假设后勤集团经过调查, 发现每个员工在傍晚一般有 1%的时间要占用一个水龙头, 现有水龙头 45 个, 现在总务处遇到的问题是:

(1) 未新装水龙头前, 拥挤的概率是多少?

(2) 至少要装多少个水龙头, 才能以 95%以上的概率保证不拥挤?

解　(1) 设在同一时刻, 5000 个员工中占用水龙头的人数为 X, 则由题意知 $X\sim B(5000,0.01)$, 这样 X 的数学期望 $E(X)$ 和方差 $D(X)$ 分别为

$$E(X)=np=5000\times 0.01=50$$

$$D(X)=np(1-p)=5000\times 0.01\times(1-0.01)=49.5$$

进而由中心极限定理可得拥挤的概率为

$$\begin{aligned}P(X>45)&=1-P(0\leqslant X\leqslant 45)\\&\approx 1-\Phi\left(\frac{45-50}{\sqrt{49.5}}\right)+\Phi\left(\frac{0-50}{\sqrt{49.5}}\right)\\&\approx 1-\Phi(0.71)+\Phi(-7.1)\\&\approx 1-0.2389\\&=0.7611\end{aligned}$$

(2) 要以 95%以上的概率保证不拥挤, 假设至少要装 m 个水龙头, 从而有

$$P(0\leqslant X\leqslant m)\geqslant 0.95$$

即

$$\Phi\left(\frac{m-50}{\sqrt{49.5}}\right)-\Phi\left(\frac{0-50}{\sqrt{49.5}}\right)\geqslant 0.95$$

可以认为

$$\Phi\left(\frac{0-50}{\sqrt{49.5}}\right)=\Phi(-7.07)\approx 0$$

从而有

$$\Phi\left(\frac{m-50}{\sqrt{49.5}}\right)\geqslant 0.95$$

通过查标准正态分布表可得

$$\frac{m-50}{7.04}\geqslant 1.645$$

解之得 $m\geqslant 61.6$.

因此, 至少要装 62 个水龙头, 才能以 95%以上的概率保证不拥挤.

例 4.12 甲、乙两商场在竞争 1000 名顾客, 假设每个顾客完全随意地选择一个商场, 且顾客之间选择商场是彼此独立的, 每个商场至少应该设多少个座才能保证顾客因缺少座而离开的概率小于 1%?

解 设甲商场应设 m 个座. 令

$$X_i=\begin{cases}1, & \text{第 } i \text{ 个顾客选择甲商场}\\ 0, & \text{第 } i \text{ 个顾客选择乙商场}\end{cases},\quad i=1,2,\cdots,1000$$

由题意可知, $X_i(i=1,2,\cdots,1000)$ 间相互独立且同分布, 则有

$$P(X_i=1)=P(X_i=0)=\frac{1}{2}$$

$$E(X_i)=\frac{1}{2},\quad D(X_i)=\frac{1}{4}$$

故应选 m 使 $P(X\leqslant m)\geqslant 0.99$.

于是, 由中心极限定理得

$$\begin{aligned}P(X\leqslant m)&=P\left(\sum_{i=1}^{1000}X_i\leqslant m\right)\\&\approx\Phi\left(\frac{m-1000\times 0.5}{\sqrt{1000\times\frac{1}{4}}}\right)\\&\geqslant 0.99\end{aligned}$$

通过查标准正态分布表得

$$\frac{m-500}{5\sqrt{10}} \geqslant 2.33$$

故 $m \geqslant 2.33 \times 5\sqrt{10}+500 \approx 537$. 即每个剧院应设 537 个以上的座, 才能保证因缺少座而使顾客离去的概率小于 1%.

例 4.13　某种器件使用寿命 (单位: h) 服从指数分布, 其平均使用寿命为 20h, 具体使用时是当一器件损坏后立即更换另一个新器件, 如此继续, 已知每个器件进价为 a 元. 试求在年计划中应为此器件做多少预算才可能有 95% 的把握一年够用 (假定一年有 2000 个工作小时).

解　设第 k 个器件使用寿命为 X_k, 因为 X_k 服从参数为 λ 的指数分布, 且 $E(X_k)=20$, 所以 $E(X_k)=\frac{1}{\lambda}$, $\lambda=\frac{1}{20}$, 那么 $D(X_k)=\frac{1}{\lambda^2}=400$.

假定一年至少准备 n 件才能有 95% 的把握够用, $X_1, X_2, \cdots, X_n$ 相互独立, 记

$$X=\sum_{k=1}^{n} X_k, k=1,2,\cdots,n$$

由中心极限定理知 $P(X \geqslant 2000)=0.95$, 这样就有

$$0.05=P(X<2000)=\varPhi\left(\frac{2000-20n}{20\sqrt{n}}\right)$$

因此, 有

$$\varPhi\left(\frac{20n-2000}{20\sqrt{n}}\right)=\varPhi\left(\frac{n-100}{20\sqrt{n}}\right)=0.95$$

查标准正态分布表得 $\frac{n-100}{\sqrt{n}}=1.64$, 解之得 $n \approx 118$. 因此, 在年计划中应为此器件做 118 元预算才可能有 95% 的把握一年够用.

例 4.14　某单位内部有 260 架电话分机, 每个分机有 4% 的时间要用外线通话, 可以认为各个电话分机用不用外线是相互独立的, 那么总机要备有多少条外线才能以 95% 的把握保证各个分机在用外线时不必等候?

解　令

$$X_i=\begin{cases}1, & \text{第 } i \text{ 个分机要用外线} \\ 0, & \text{第 } i \text{ 个分机不用外线}\end{cases}, i=1,2,\cdots,260$$

则有

$$P(X_i=1)=p=0.04$$

$$P(X_i = 0) = q = 1 - p = 1 - 0.04 = 0.96$$

如果 260 架分机中同时要求使用外线的分机数为 μ_{260}, 则有

$$\mu_{260} = \sum_{i=1}^{260} X_i$$

根据题意, 要求确定最小的整数 x, 使得 $P(\mu_{260} \leqslant x) \geqslant 0.95$ 成立.

因为 $n = 260$ 较大, 所以由中心极限定理得

$$P(\mu_{260} \leqslant x) \approx \Phi\left(\frac{x - 260p}{\sqrt{260pq}}\right)$$

查 $N(0,1)$ 分布表知 $\Phi(1.65) \approx 0.9505 > 0.95$, 故有

$$\frac{x - 260p}{\sqrt{260pq}} = 1.65$$

从而, 有

$$x = 1.65 \times \sqrt{260pq} + 260 \times p$$

将 $p = 0.04$ 及 $q = 0.96$ 代入, 即可求得 $x \approx 15.61$.

这样取最接近的整数 $x = 16$. 因此, 总机至少应备有 16 条外线才能以 95%的把握保证各个分机在使用外线时不必等候.

注: 中心极限定理在商业管理中的应用是很广泛的. 一般地, 如果一个随机变量能够分解为相互独立且同分布的随机变量序列之和的问题, 则可以直接利用中心极限定理进行分析. 在大样本的情况下, 求未知非正态分布的置信区间也同样可用中心极限定理解决. 总之, 在正确理解中心极限定理的含义的同时, 恰当地使用中心极限定理解决实际问题有着极其重要的意义.

4.2.6 伯努利场合下的问题

例 4.15 求概率: 假定某电视台节目在 S 市的收视率为 15%, 在一次收视率调查中, 从 S 市的居民中随机抽取 5000 户, 并以收视频率作为收视率, 试求两者之间小于 1%的概率.

解 这个抽样调查问题用伯努利概型作为数学模型, 从而所求的是事件 $\left|\frac{\mu_n}{n} - p\right| < 0.01$ 发生的概率, 其中 $n = 5000$, $p = 0.15$, μ_n 为 5000 户中收视节目的户数, 因此可由伯努利中心极限定理得

$$P\left(\left|\frac{\mu_n}{n} - p\right| < \varepsilon\right) = P\left(-\varepsilon\sqrt{\frac{n}{p(1-p)}} < \frac{\mu_n - np}{\sqrt{p(1-p)}} < \varepsilon\sqrt{\frac{n}{p(1-p)}}\right)$$

$$\approx \Phi\left(\varepsilon\sqrt{\frac{n}{p(1-p)}}\right)-\Phi\left(-\varepsilon\sqrt{\frac{n}{p(1-p)}}\right)$$

$$=2\Phi\left(\varepsilon\sqrt{\frac{n}{p(1-p)}}\right)-1$$

$$=2\Phi\left(0.01\sqrt{\frac{5000}{0.15\times 0.85}}\right)-1$$

$$\approx 2\Phi(1.98)-1=2\times 0.97615-1=0.9523$$

例 4.16　确定试验次数: 电视台做某节目 A 收视率的调查, 在每天节目 A 播出时, 随机地向当地居民打电话问是否看电视, 如果在看电视, 再问是否在看 A 节目. 设回答在看电视的居民数为 n, 为保证以 95%的概率使调查误差在 1%以内, n 应取多大?

解　设 Y_n 为回答看电视的居民在看节目 A 的人数, 要估计收视率设为 p, 要求 n, 将 $P\left(\left|\frac{Y_n}{n}-p\right|<0.1\right)=0.95$ 略作变换可得

$$0.95=P\left(\left|\frac{Y_n}{n}-p\right|<0.1\right)$$

$$=P\left(\left|\frac{Y_n-np}{\sqrt{np(1-p)}}\right|<\frac{\sqrt{n}}{10\sqrt{p(1-p)}}\right)$$

$$=P\left(|X|<\frac{\sqrt{n}}{10\sqrt{p(1-p)}}\right)$$

其中, X 是服从标准正态分布 $N(0,1)$ 的随机变量, 查标准正态分布表可以得到

$$\frac{\sqrt{n}}{10\sqrt{p(1-p)}}>1.96$$

或

$$n>1.96^2p(1-p)$$

现定义 $h(p)=p(1-p)$, 则其导数为 $h'(p)=1-2p$, 令 $h'(p)=1-2p=0$, 得 $p=0.5$. 这样可以看出, 当 $p=0.5$ 时, 有 $h(p)=0.5\times(1-0.5)=0.25$, 这时 $h(p)=p(1-p)$ 达到最大值, 即意味着 $100\times 1.96^2p(1-p)\leqslant 100\times 1.96^2\times 0.25=96.04$. 因此, $n>96.04$, 这样取 $n=97$ 就足够了.

例 4.17 估计频率与概率的误差：设在某种独立重复的试验中，每次试验事件 A 发生的概率为 0.25，能以 0.9997 的概率保证在 1000 次试验中 A 发生的频率与概率相差多少？此时发生的次数在哪个范围之内？

解 设 μ_A 为在 1000 次试验中 A 发生的次数，同时其频率与概率的绝对偏差为 ε，则有

$$P\left(\left|\frac{\mu_A}{1000}-\frac{1}{4}\right|<\varepsilon\right)=0.9997$$

由中心极限定理得

$$P\left(\left|\frac{\mu_A}{1000}-\frac{1}{4}\right|<\varepsilon\right)\approx 2\Phi\left(\varepsilon\sqrt{\frac{1000}{\frac{1}{4}\times\frac{3}{4}}}\right)-1=0.9997$$

即

$$2\Phi(73.03\varepsilon)-1=0.9997$$

即

$$\Phi(73.03\varepsilon)=0.99985$$

即

$$73.03\varepsilon=3.62$$

从而，$\varepsilon\approx 0.0496$.

此时事件 A 发生的次数 μ_A 满足

$$\left|\frac{\mu_A}{1000}-\frac{1}{4}\right|<0.0496$$

解之得 $200.4<\mu_A<299.6$.

因此，事件 A 发生的次数 μ_A 处于 201 到 300 之间.

注：在解题中会发现有些题有多种解法，其中不乏用到伯努利中心极限定理. 在对各种解法进行比较之后，可以体会到中心极限定理在伯努利场合中的独特应用. 总之，随着时代的发展，中心极限定理将越来越多地应用到伯努利场合中，其具有的独特的优势将越来越明显.

4.2.7 数值计算的近似求解问题

例 4.18 计算机在进行加法运算时，对每个加数取整，设所有的取整误差是相互独立的，且它们都在 $(-0.5, 0.5)$ 上服从均匀分布.

(1) 若将 1500 个数相加, 则误差总和的绝对值超过 15 的概率是多少?

(2) 多少个数相加会使误差总和的绝对值小于 10 的概率在 0.90 左右?

解　设 $X_i(i=1,2,\cdots)$ 表示第 i 个加数的取整误差, 则 X_i 是在 $(-0.5,0.5)$ 上的均匀分布, 即 X_i 的密度函数 $f(x)$ 为

$$f(x)=\begin{cases}1, & -0.5<x<0.5\\ 0, & \text{其他}\end{cases}$$

且 $X_1,X_2,\cdots$ 是相互独立同分布的随机变量序列.

(1) 这些误差总和的绝对值 $|X_1+X_2+\cdots+X_{1500}|$ 超过 15 的概率为

$$P(|X_1+X_2+\cdots+X_{1500}|>15)$$

X_i 的数学期望 $E(X_i)$ 和方差分别 $D(X_i)$ 为

$$E(X_i)=\int_{-0.5}^{0.5}x\mathrm{d}x=0$$

$$D(X_i)=E(X_i^2)-E^2(X_i)=\int_{-0.5}^{0.5}x^2\mathrm{d}x-0=\frac{0.25}{3}$$

因此, 由中心极限定理可得

$$\begin{aligned}P(|X_1+X_2+\cdots+X_{1500}|>15)&=1-P(|X_1+X_2+\cdots+X_{1500}|\leqslant 15)\\&\approx 1-\varPhi\left(\frac{15-0}{\sqrt{\frac{0.25}{3}}}\right)+\varPhi\left(\frac{-15-0}{\sqrt{\frac{0.25}{3}}}\right)\\&\approx 2(1-\varPhi(1.34))\\&\approx 0.1802\end{aligned}$$

(2) 由题意可知, 即求 $P(|X_1+X_2+\cdots+X_n|<10)\approx 0.90$ 的 n. 这样由中心极限定理可得

$$\begin{aligned}0.90&\approx P(|X_1+X_2+\cdots+X_n|<10)\\&\approx\varPhi\left(\frac{10}{\sqrt{\frac{0.25}{3}}}\right)-\varPhi\left(\frac{-10}{\sqrt{\frac{0.25}{3}}}\right)\end{aligned}$$

$$= 2\Phi\left(20\sqrt{\frac{3}{n}}\right) - 1$$

从而, 有 $\Phi\left(20\sqrt{\frac{3}{n}}\right) = 0.95$.

经查标准正态分布表得 $20\sqrt{\frac{3}{n}} = 1.645$, 故 $n \approx 443$.

这表明大约 443 个整数相加, 可以以 90% 的概率保证误差总和的绝对值小于 10.

注: 中心极限定理以严格的数学形式阐明了在大样本条件下, 不论总体的分布如何, 样本的均值总是近似地服从正态分布. 如果一个随机变量能够分解为独立同分布的随机变量序列之和, 则可以直接利用中心极限定理进行解决. 总之, 恰当地使用中心极限定理类似方法可以合理地解决数值计算中遇到其他问题.

第5章　参数估计

在实际问题中, 有时总体的分布函数的形式为已知, 但它的一个或多个参数是未知的, 写不出确切的密度函数. 这时, 如果通过抽样, 得到总体的一组样本观测值, 则可以利用这组数据来估计这些参数. 像这样利用样本去估计总体未知参数, 称为参数估计. 参数估计有两种常用方法, 一种是点估计, 另一种是区间估计. 本章首先回顾基础理论, 然后介绍点估计和区间估计在一些实际案例中的应用.

5.1　参数估计理论简介

5.1.1　矩估计法

设总体 X 的密度函数为 $f(x;\theta_1,\theta_2,\cdots,\theta_r)$, 其中 $\theta_1,\theta_2,\cdots,\theta_r$ 是 r 个未知参数. 由辛钦大数定律可知：当总体 X 的 k 阶原点矩 $E\left(X^k\right)$ 存在时, 样本的 k 阶原点矩 M_k 依概率收敛于总体 X 的 k 阶原点矩 $E\left(X^k\right)$.

$$M_k=\frac{1}{n}\sum_{i=1}^{n}X_i^k\xrightarrow{p}E\left(X^k\right)(n\to\infty)\tag{5.1}$$

因此, 矩估计法的基本思想是用样本 k 阶原点矩去估计总体的 k 阶原点矩. 于是得矩估计法方程组

$$M_k\left(\theta_1,\theta_2,\cdots,\theta_r\right)=EX^k,\quad(k=1,2,\cdots,r)\tag{5.2}$$

解此方程组, 得

$$\hat{\theta}_i=\hat{\theta}_i(X_1,X_2,\cdots,X_n),\quad(i=1,2,\cdots,r)\tag{5.3}$$

并以 $\hat{\theta}_i$ 作为未知参数 θ_i 的估计量.

这样得到的 $\hat{\theta}_i=\hat{\theta}_i(X_1,X_2,\cdots,X_n)$ 称为 θ_i 的矩估计量. 如果有样本观测值 $x_1,x_2,\cdots,x_n$, 用 x_i 代替 $X_i\,(i=1,2,\cdots,k)$ 就能得到 $\theta_i\,(i=1,2,\cdots,r)$ 的估计值, 称为矩估计值. 若 $\hat{\theta}$ 为 θ 的矩估计量, $g(\theta)$ 为 θ 的连续函数, 则也称 $g(\hat{\theta})$ 为 $g(\theta)$ 的矩估计量. 而这种求参数 $\theta_1,\theta_2,\cdots,\theta_r$ 的估计方法称为矩估计法.

5.1.2 极大似然估计法

定义 5.1 设总体 X 为连续型随机变量, 其密度函数为 $f(x;\theta_1,\theta_2,\cdots,\theta_r)$, $\theta_1,\theta_2,\cdots,\theta_r$ 为未知参数, $X_1,X_2,\cdots,X_n$ 是来自总体 X 的样本, $x_1,x_2,\cdots,x_n$ 是一个样本观测值. 称 $X_1,X_2,\cdots,X_n$ 的联合概率密度

$$L_n(\theta_1,\theta_2,\cdots,\theta_r)=\prod_{i=1}^{n}f(x_i;\theta_1,\theta_2,\cdots,\theta_r) \tag{5.4}$$

为样本的似然函数.

若 X 是离散型随机变量, 分布律为 $P\{X=x\}=p\,(x;\theta_1,\theta_2,\cdots,\theta_r)$, 称

$$L_n(\theta_1,\theta_2,\cdots,\theta_r)=\prod_{i=1}^{n}p\,(x_i;\theta_1,\theta_2,\cdots,\theta_r) \tag{5.5}$$

为样本的似然函数.

定义 5.2 若 $\hat{\theta}_j(x_1,x_2,\cdots,x_n)(j=1,2,\cdots,r)$ 使得

$$L_n(\hat{\theta}_1,\hat{\theta}_2,\cdots,\hat{\theta}_r)=\max\{L_n(\theta_1,\theta_2,\cdots,\theta_r)\} \tag{5.6}$$

则称 $\hat{\theta}_j=\hat{\theta}_j(x_1,x_2,\cdots,x_n)$ 为参数 θ_j 的极大似然估计值, 而相应的统计量 $\hat{\theta}_j=\hat{\theta}_j(X_1,X_2,\cdots,X_n)$ 就称为参数 θ_j $(j=1,2,\cdots,r)$ 的极大似然估计量.

在很多情况下, $f(x_i;\theta_1,\theta_2,\cdots,\theta_r)$ 与 $p\,(x_i;\theta_1,\theta_2,\cdots,\theta_r)$ 关于 $\theta_j(j=1,2,\cdots,r)$ 可微. 称

$$\ln L_n(\theta_1,\theta_2,\cdots,\theta_r)=\sum_{i=1}^{n}\ln f(x_i;\theta_1,\theta_2,\cdots,\theta_r)(X\text{为连续型})$$

与

$$\ln L_n(\theta_1,\theta_2,\cdots,\theta_r)=\sum_{i=1}^{n}\ln p(x_i;\theta_1,\theta_2,\cdots,\theta_r)(X\text{为离散型})$$

为对数似然函数. 由于 $\ln x$ 是 x 的单调上升函数, 因而 $\ln L_n$ 与 L_n 有相同的最大值点. 称

$$\frac{\partial\ln L_n(\theta_1,\theta_2,\cdots,\theta_r)}{\partial\theta_j}=0\quad(j=1,2,\cdots,r)$$

为对数似然方程组. 由它解得 $\hat{\theta}_j=\hat{\theta}_j(x_1,x_2,\cdots,x_n)$ 为 θ_j 的极大似然估计值 $(j=1,2,\cdots,r)$.

综上所述, 可得极大似然估计法的估计步骤:

(1) 根据总体分布写出似然函数

$$L_n(\theta_1,\theta_2,\cdots,\theta_r)=\prod_{i=1}^{n}f(x_i;\theta_1,\theta_2,\cdots,\theta_r)(X\text{为连续型})$$

$$L_n(\theta_1,\theta_2,\cdots,\theta_r)=\prod_{i=1}^{n}p(x_i;\theta_1,\theta_2,\cdots,\theta_r)(X\text{为离散型})$$

(2) 写出对数似然函数, 并写出对数似然方程组

$$\frac{\partial\ln L_n(\theta_1,\theta_2,\cdots,\theta_r)}{\partial\theta_j}=0\quad(j=1,2,\cdots,r)$$

(3) 解对数似然方程组, 即得参数 θ_j 的极大似然估计值

$$\hat{\theta}_j=\hat{\theta}_j(x_1,x_2,\cdots,x_n)\quad(j=1,2,\cdots,r)$$

与此估计值相对应的统计量

$$\hat{\theta}_j=\hat{\theta}_j(X_1,X_2,\cdots,X_n)\quad(j=1,2,\cdots,r)$$

为参数 θ_j $(j=1,2,\cdots,r)$ 的极大似然估计量.

5.1.3　置信区间的概念

定义 5.3　设总体 X 的概率密度为 $f(x;\theta)$, 其中 θ 是未知参数, $X_1,X_2,\cdots,X_n$ 是其样本. 若由样本确定了两个统计量 $\underline{\theta}(x_1,x_2,\cdots,x_n)$ 和 $\bar{\theta}(x_1,x_2,\cdots,x_n)$, 对于给定的 $\alpha(0<\alpha<1)$ 使得

$$P\{\underline{\theta}<\theta<\bar{\theta}\}=1-\alpha\tag{5.7}$$

则称区间 $(\underline{\theta},\bar{\theta})$ 为参数 θ 的置信度为 $1-\alpha$ 的置信区间, 其中 $\underline{\theta}$ 为置信下限, $\bar{\theta}$ 为置信上限, $1-\alpha$ 称为置信度, α 称为置信水平.

5.1.4　一个正态总体参数的区间估计

1. 方差 $\sigma^2=\sigma_0^2$ 为已知, 求均值 μ 的置信区间

设 $X\sim N(\mu,\sigma_0^2)$, σ_0^2 已知, $X_1, X_2, \cdots, X_n$ 是来自 X 的样本. 由于

$$\bar{X}\sim N\left(\mu,\frac{\sigma_0^2}{n}\right)$$

于是有

$$U=\frac{\bar{X}-\mu}{\dfrac{\sigma_0}{\sqrt{n}}}\sim N(0,1)$$

对于给定的 $\alpha(0<\alpha<1)$, 由正态分布表查得 $z_{\frac{\alpha}{2}}$, 使得

$$P\left\{|U|<z_{\frac{\alpha}{2}}\right\}=1-\alpha \tag{5.8}$$

即 $P\left\{\bar{X}-z_{\frac{\alpha}{2}}\frac{\sigma_0}{\sqrt{n}}<\mu<\bar{X}+z_{\frac{\alpha}{2}}\frac{\sigma_0}{\sqrt{n}}\right\}=1-\alpha.$

从而 μ 的 $1-\alpha$ 置信区间为

$$(\underline{\mu},\bar{\mu})=\left(\bar{X}-z_{\frac{\alpha}{2}}\frac{\sigma_0}{\sqrt{n}},\bar{X}+z_{\frac{\alpha}{2}}\frac{\sigma_0}{\sqrt{n}}\right) \tag{5.9}$$

由于构成该区间的两个置信限的取值都是有限的, 通常把这样的区间成为双侧置信区间, 把相应的估计称为双侧区间估计.

为了得到单侧置信区间, 可构造式 (5.8) 的概率, 可采用

$$P\{U>-z_\alpha\}=1-\alpha \quad 和 \quad P\{U<z_\alpha\}=1-\alpha$$

这样可获得均值 μ 的置信度为 $1-\alpha$ 的两个单侧置信区间分别为

$$(\underline{\mu},\bar{\mu})=\left(-\infty,\bar{X}+z_\alpha\frac{\sigma_0}{\sqrt{n}}\right),\quad (\underline{\mu},\bar{\mu})=\left(\bar{X}-z_\alpha\frac{\sigma_0}{\sqrt{n}},+\infty\right) \tag{5.10}$$

通常, 把用统计量 U 抽样分布构造置信区间的方法称为 U 估计法.

2. **方差 σ^2 为未知, 求均值 μ 的置信区间**

设 $X_1, X_2, \cdots, X_n$ 来自总体 $X\sim N(\mu,\sigma^2)$, σ^2 未知, 这时不能再选取统计量 U, 可用样本方差 S^2 来估计 σ^2, 而选取统计量 t.

$$T=\frac{\bar{X}-\mu}{\frac{S}{\sqrt{n}}}\sim t(n-1)$$

且 $t(n-1)$ 不依赖于 μ. 可由 t 分布临界值表查得 $t_{\frac{\alpha}{2}}(n-1)$, 使得

$$P\left\{|T|<t_{\frac{\alpha}{2}}(n-1)\right\}=1-\alpha$$

即

$$P\left\{\bar{X}-t_{\frac{\alpha}{2}}(n-1)\cdot\frac{S}{\sqrt{n}}<\mu<\bar{X}+t_{\frac{\alpha}{2}}(n-1)\cdot\frac{S}{\sqrt{n}}\right\}=1-\alpha$$

故 μ 的置信度为 $1-\alpha$ 的双侧置信区间为

$$(\underline{\mu},\bar{\mu})=\left(\bar{X}-t_{\frac{\alpha}{2}}(n-1)\cdot\frac{S}{\sqrt{n}},\bar{X}+t_{\frac{\alpha}{2}}(n-1)\cdot\frac{S}{\sqrt{n}}\right) \tag{5.11}$$

如果构造概率

$$P\{T < t_\alpha(n-1)\} = 1-\alpha \quad \text{或} \quad P\{T > -t_\alpha(n-1)\} = 1-\alpha$$

则可获得均值 μ 的置信度为 $1-\alpha$ 的两个单侧置信区间分别为

$$\left(-\infty, \bar{X} + t_\alpha(n-1)\cdot\frac{S}{\sqrt{n}}\right), \quad \left(\bar{X} - t_\alpha(n-1)\cdot\frac{S}{\sqrt{n}}, +\infty\right) \tag{5.12}$$

这种用统计量 T 抽样分布构造置信区间的方法称为 T 估计法.

3. 方差 σ^2 的置信区间

设 $X_1, X_2, \cdots, X_n$ 来自总体 $X \sim N(\mu, \sigma^2)$, σ^2 未知. 已经知道, $S^2 = \dfrac{1}{n-1}\sum\limits_{i=1}^{n}(X_i - \bar{X})^2$ 是 σ^2 的一个无偏估计,

$$\chi^2 = \frac{(n-1)S^2}{\sigma^2} \sim \chi^2(n-1)$$

并且分布 $\chi^2(n-1)$ 与 σ^2 无关. 可由 χ^2 分布临界值表查得两个临界值 $\chi^2_{1-\frac{\alpha}{2}}(n-1)$ 和 $\chi^2_{\frac{\alpha}{2}}(n-1)$, 使得

$$P\left\{\chi^2_{1-\frac{\alpha}{2}}(n-1) < \chi^2 < \chi^2_{\frac{\alpha}{2}}(n-1)\right\} = 1-\alpha$$

即

$$P\left\{\frac{(n-1)S^2}{\chi^2_{\frac{\alpha}{2}}(n-1)} < \sigma^2 < \frac{(n-1)S^2}{\chi^2_{1-\frac{\alpha}{2}}(n-1)}\right\} = 1-\alpha$$

故方差 σ^2 的置信度为 $1-\alpha$ 的双侧置信区间为

$$(\underline{\sigma^2}, \overline{\sigma^2}) = \left(\frac{(n-1)S^2}{\chi^2_{\frac{\alpha}{2}}(n-1)}, \frac{(n-1)S^2}{\chi^2_{1-\frac{\alpha}{2}}(n-1)}\right) \tag{5.13}$$

如果构造概率

$$P\left\{\chi^2 > \chi^2_{1-\alpha}(n-1)\right\} = 1-\alpha \quad \text{或} \quad P\left\{\chi^2 < \chi^2_{\alpha}(n-1)\right\} = 1-\alpha$$

则可获得方差 σ^2 的置信度为 $1-\alpha$ 的两个单侧置信区间为

$$\left(0, \frac{(n-1)S^2}{\chi^2_{1-\alpha}(n-1)}\right), \quad \left(\frac{(n-1)S^2}{\chi^2_{\alpha}(n-1)}, +\infty\right) \tag{5.14}$$

用统计量 χ^2 抽样分布构造置信区间的方法称为 χ^2 估计法.

5.1.5 两个正态总体的均值差与方差比的区间估计

下面介绍两个正态总体的均值差 $\mu_1-\mu_2$ 的区间估计.

因为 $\bar{X}_1$ 与 $\bar{X}_2$ 分别是 μ_1 与 μ_2 的点估计, 所以取 $\bar{X}_1-\bar{X}_2$ 作为 $\mu_1-\mu_2$ 的点估计. 这时, $\bar{X}_1-\bar{X}_2$ 服从正态分布, 且

$$E(\bar{X}_1-\bar{X}_2)=\mu_1-\mu_2$$

$$D(\bar{X}_1-\bar{X}_2)=D(\bar{X}_1)+D(\bar{X}_2)=\frac{\sigma_1^2}{n_1}+\frac{\sigma_2^2}{n_2}$$

对于总体方差的不同情形, 可得 $\mu_1-\mu_2$ 的不同置信区间.

(1) σ_1^2, σ_2^2 均为已知. 这时, $\mu_1-\mu_2$ 的 $1-\alpha$ 双侧置信区间为

$$\left(\bar{X}_1-\bar{X}_2-z_{\frac{\alpha}{2}}\sqrt{\frac{\sigma_1^2}{n_1}+\frac{\sigma_2^2}{n_2}},\ \bar{X}_1-\bar{X}_2+z_{\frac{\alpha}{2}}\sqrt{\frac{\sigma_1^2}{n_1}+\frac{\sigma_2^2}{n_2}}\right) \tag{5.15}$$

$\mu_1-\mu_2$ 的 $1-\alpha$ 单侧置信区间为

$$\left(-\infty,\ \bar{X}_1-\bar{X}_2+z_{\alpha}\sqrt{\frac{\sigma_1^2}{n_1}+\frac{\sigma_2^2}{n_2}}\right) \text{或} \left(\bar{X}_1-\bar{X}_2-z_{\frac{\alpha}{2}}\sqrt{\frac{\sigma_1^2}{n_1}+\frac{\sigma_2^2}{n_2}},\ +\infty\right) \tag{5.16}$$

(2) σ_1^2, σ_2^2 均为未知. 这时, 只要 n_1, n_2 都很大 (实用上约大于 50), 则

$$\left(\bar{X}_1-\bar{X}_2-z_{\frac{\alpha}{2}}\sqrt{\frac{S_1^2}{n_1}+\frac{S_2^2}{n_2}}, \bar{X}_1-\bar{X}_2+z_{\frac{\alpha}{2}}\sqrt{\frac{S_1^2}{n_1}+\frac{S_2^2}{n_2}}\right) \tag{5.17}$$

可作为 $\mu_1-\mu_2$ 的近似的 $1-\alpha$ 双侧置信区间, 而采用

$$\left(-\infty,\ \bar{X}_1-\bar{X}_2+z_{\alpha}\sqrt{\frac{S_1^2}{n_1}+\frac{S_2^2}{n_2}}\right) \text{或} \left(\bar{X}_1-\bar{X}_2-z_{\frac{\alpha}{2}}\sqrt{\frac{s_1^2}{n_1}+\frac{s_2^2}{n_2}},\ +\infty\right) \tag{5.18}$$

作为 $\mu_1-\mu_2$ 的近似的 $1-\alpha$ 单侧置信区间.

(3) $\sigma_1^2=\sigma_2^2=\sigma^2$, 但 σ^2 未知. 已经知道

$$T=\frac{(\bar{X}_1-\bar{X}_2)-(\mu_1-\mu_2)}{S_w\sqrt{\dfrac{1}{n_1}+\dfrac{1}{n_2}}}\sim t(n_1+n_2-2)$$

其中,

$$S_1^2 = \frac{1}{n_1-1}\sum_{i=1}^{n_1}(X_{1i}-\bar{X}_1)^2$$

$$S_2^2 = \frac{1}{n_2-1}\sum_{i=1}^{n_2}(X_{2i}-\bar{X}_2)^2$$

$$S_w = \sqrt{\frac{(n_1-1)S_1^2+(n_2-1)S_2^2}{n_1+n_2-2}}$$

则有

$$P\left\{|T| < t_{\frac{\alpha}{2}}(n_1+n_2-2)\right\} = 1-\alpha$$

由不等式

$$\left|\frac{(\bar{X}_1-\bar{X}_2)-(\mu_1-\mu_2)}{S_w\sqrt{\dfrac{1}{n_1}+\dfrac{1}{n_2}}}\right| < t_{\frac{\alpha}{2}}(n_1+n_2-2)$$

推出 $\mu_1-\mu_2$ 的置信度为 $1-\alpha$ 的双侧置信区间为

$$\left(\bar{X}_1-\bar{X}_2-w,\ \bar{X}_1-\bar{X}_2+w\right) \tag{5.19}$$

其中, $w = t_{\frac{\alpha}{2}}(n_1+n_2-2)\cdot S_w\sqrt{\dfrac{1}{n_1}+\dfrac{1}{n_2}}$.

如果构造概率

$$P\{T < t_\alpha(n_1+n_2-2)\} = 1-\alpha \quad \text{或} \quad P\{T > -t_\alpha(n_1+n_2-2)\} = 1-\alpha$$

就可获得 $\mu_1-\mu_2$ 的置信度为 $1-\alpha$ 的单侧置信区间分别为

$$\left(-\infty,\ \bar{X}_1-\bar{X}_2+t_\alpha(n_1+n_2-2)\cdot S_w\sqrt{\frac{1}{n_1}+\frac{1}{n_2}}\right)$$

或

$$\left(\bar{X}_1-\bar{X}_2-t_\alpha(n_1+n_2-2)\cdot S_w\sqrt{\frac{1}{n_1}+\frac{1}{n_2}},\ +\infty\right) \tag{5.20}$$

正态总体的置信区间如表 5.1 所示.

表 5.1 正态总体的置信区间

参数	条件	参数的 $1-\alpha$ 双侧置信区间
μ	σ^2 已知	$\left(\bar{X}\pm z_{\frac{\alpha}{2}}\sqrt{\dfrac{\sigma^2}{n}}\right)$
μ	σ^2 未知	$\left(\bar{X}\pm t_{\frac{\alpha}{2}}(n-1)\sqrt{\dfrac{S^2}{n}}\right)$
σ^2		$\left(\dfrac{(n-1)S^2}{\chi^2_{\frac{\alpha}{2}}(n-1)},\dfrac{(n-1)S^2}{\chi^2_{1-\frac{\alpha}{2}}(n-1)}\right)$
$\mu_1-\mu_2$	σ_1^2,σ_2^2 已知	$\left(\bar{X}_1-\bar{X}_2\pm z_{\frac{\alpha}{2}}\sqrt{\dfrac{\sigma_1^2}{n_1}+\dfrac{\sigma_2^2}{n_2}}\right)$
$\mu_1-\mu_2$	σ_1^2,σ_2^2 未知; $n_1,n_2>50$	$\left(\bar{X}_1-\bar{X}_2\pm z_{\frac{\alpha}{2}}\sqrt{\dfrac{S_1^2}{n_1}+\dfrac{S_2^2}{n_2}}\right)$
$\mu_1-\mu_2$	$\sigma_1^2=\sigma_2^2=\sigma^2$ 未知	$\left(\bar{X}_1-\bar{X}_2\pm t_{\frac{\alpha}{2}}(n_1+n_2-2)\cdot S_w\cdot\sqrt{\dfrac{1}{n_1}+\dfrac{1}{n_2}}\right)$
$\dfrac{\sigma_1^2}{\sigma_2^2}$		$\left(\dfrac{S_1^2}{S_2^2}\cdot\dfrac{1}{F_{\frac{\alpha}{2}}(n_1-1,n_2-1)},\dfrac{S_1^2}{S_2^2}\cdot F_{\frac{\alpha}{2}}(n_2-1,n_1-1)\right)$

5.2 应用案例分析

5.2.1 购货方的决策

例 5.1 (1) 购货方收到供货商提供的一批货物, 根据以往的经验知道该供货商的产品次品率为 10%, 而供货商声称次品率仅有 5%. 现随机抽取 10 件检验, 结果有 4 件次品. 购货方应该如何做决策 (即判断次品率究竟为 10%, 还是 5%)?

(2) 购货方收到供货商提供的一批货物, 若随机抽出 10 件检验, 结果有 4 件次品. 购货方应该如何做决策 (即判断次品率到底是多少)?

解 (1) 记次品数为 X, 则 $X\sim B(10,p)$. 这里的 $p=0.1$ 或 $p=0.05$ 是先验信息. 经计算可得, 若 $p=0.05$, 则 10 件中有 4 件次品的概率为 $P(X=4)=\mathrm{C}_{10}^4 0.05^4 0.95^6\approx 0.001$; 若 $p=0.1$, 则 10 件中有 4 件次品的概率为 $P(X=4)=\mathrm{C}_{10}^4 0.1^4 0.9^6\approx 0.011$. 结果表明, 在次品率为 0.1 时, 10 件产品中有 4 件次品的概率大, 这说明该批产品次品率为 0.1 的可能性大 (样本来源于总体, 样本能很好反映总体的特征).

这个案例就是对 p 的决策推断. 由于有先验信息 $p=0.1$ 或 $p=0.05$, 只需做出判断, 两者之中选哪一个 “最有可能”, 也就是比较样本发生概率的大小, 概率越大的就越有可能. 因此, 选择使 “10 件产品选到 4 件次品” 这个事件更容易发生的信息 $p=0.1$.

(2) 本题依然是推断估计, 虽然不同于 (1) 中有先验信息 ($p = 0.1$ 或 $p = 0.05$), 没有任何先验信息, 但思路仍然是类似的. 以概率作为推断的依据, 要找到一个 p 值, 使得抽样的样本值发生的概率最大. 而 10 件中有 4 件次品的概率为 $P(X=4) = \mathrm{C}_{10}^{4}p^4(1-p)^6$. 此时, 问题转化为: p 取何值时, $P(X=4) = \mathrm{C}_{10}^{4}p^4(1-p)^6$ 的值最大? 这就将一个统计推断问题转化为了一个纯数学的问题: 求一个函数的最大值点. 可解得 p 的极大似然估计值为 0.4.

通过上述分析, 可以得知极大似然法的基本思想: 待估参数的取值有多种可能, 找一个估计值, 使得样本发生的概率最大 (最有可能发生), 该估计值就是极大似然估计值. 其基本步骤如下:

第一步, 由总体分布导出样本的联合分布 (离散型时为联合分布律, 连续型时为联合概率密度).

第二步, 把样本的联合分布 (离散型时为联合分布律, 连续型时为联合概率密度) 中的未知参数 θ 看作自变量, 得到似然函数 $L(\theta)$.

第三步, 求似然函数 $L(\theta)$ 最大值点 (常转化为求对数似然函数的最大值点).

第四步, 在最大值点的表达式中, 用样本值代入就得参数的极大似然估计值.

类似地, 可以思考: 设有甲、乙两个口袋, 袋中各装有 4 个同样大小的球, 球上分别涂有白色或黑色, 已知在甲袋中黑球数为 1, 乙袋中黑球为 3.

(1) 现任取一球, 再从该袋中任取一球, 发现是黑球, 该球最有可能取自哪一袋?

(2) 现任取一袋, 再从该袋中有返回地任取三个球, 其中有一个是黑球, 此时最有可能取自哪一袋?

5.2.2　极大似然估计在风险估测中的应用

例 5.2　设随机抽取某公司货物运输过程中 200 次货物损耗资料, 得到其分组频数如表 5.2 所示, 求货物损失的平均值和标准差.

表 5.2 货物损耗资料的分组频数

损失金额/元	次数
0~200	5
200~400	8
400~600	13
600~800	30
800~1000	45
1000~1200	37
1200~1400	28
1400~1600	22
1600~1800	7
1800~2000	5

解 采用极大似然估计法:

$$L(\mu,\sigma^2)=\prod_{i=1}^{n}\frac{1}{\sqrt{2\pi}\sigma}\mathrm{e}^{-\frac{(x_i-\mu)^2}{2\sigma^2}}=\left(\frac{1}{2\pi\sigma^2}\right)^{\frac{n}{2}}\mathrm{e}^{-\frac{1}{2\sigma^2}\sum\limits_{i=1}^{n}(x_i-\mu)^2}$$

$$\ln L=-\frac{n}{2}\ln(2\pi\sigma^2)-\frac{1}{2\sigma^2}\sum_{i=1}^{n}(x_i-\mu)^2$$

从而似然方程组为

$$\begin{cases}\dfrac{\partial\ln L_n}{\partial\mu}=\dfrac{1}{\sigma^2}\displaystyle\sum_{i=1}^{n}(x_i-\mu)=0\\ \dfrac{\partial\ln L_n}{\partial\sigma^2}=-\dfrac{n}{2\sigma^2}+\dfrac{1}{2\sigma^4}\displaystyle\sum_{i=1}^{n}(x_i-\mu)^2=0\end{cases}$$

解得 $\hat{\mu}=\frac{1}{n}\sum\limits_{i=1}^{n}x_i=\bar{x}$, $\hat{\sigma}^2=\frac{1}{n}\sum\limits_{i=1}^{n}(x_i-\bar{x})^2$. 代入数据可算得

$$\begin{aligned}\hat{\mu}=\frac{1}{200}(&100\times5+300\times8+500\times13+700\times30+900\times45+1100\times37\\&+1300\times28+1500\times22+1700\times7+1900\times5)=1012\end{aligned}$$

同理, $\hat{\sigma}^2=151105$, 则 $\hat{\sigma}\approx388$.

于是, 货物损失的平均估计值是 1012, 标准差的估计值是 388.

注: 采用概率统计中的最大似然估计法可以对风险进行衡量, 衡量风险的重要性在于它能使风险管理人员判断各类风险发生的可能性及后果的严重性, 并选择相应的控制风险的方法, 从而降低风险的发生.

5.2.3　湖中黑、白鱼的比例估计

例 5.3　某水产养殖场两年前在人工湖混养了黑、白两种鱼, 请对黑、白鱼数目的比例进行估计.

解　设湖中有黑鱼 a 条, 则白鱼数为 $b=ka$, 其中 k 为待估计参数. 从湖中任捕一条鱼, 记

$$X=\begin{cases}1, & \text{若是黑鱼}\\ 0, & \text{若是白鱼}\end{cases}$$

则 $P(X=1)=\dfrac{a}{a+ka}=\dfrac{1}{1+k}, P(X=0)=1-P(X=1)=\dfrac{k}{1+k}$.

为了使抽取的样本为简单随机样本, 从湖中有放回地捕鱼 n 条 (即任捕一条, 记下其颜色后放回湖中任其自由游动, 稍后再捕第二条, 重复前一过程) 得样本 $X_1,X_2,\cdots,X_n$. 显然各 X_i 相互独立, 且均与总体 X 同分布. 设在这 n 次抽样中, 捕得 m 条黑鱼. 下面用矩估计法和极大似然估计法估计 k.

(1) 矩估计法.

令 $\bar{X}=E(X)=\dfrac{1}{1+k}$, 可求得 $\hat{k}_M=\dfrac{1}{\bar{X}}-1$. 由具体抽样结果知, X 的观测值 $\bar{X}=\dfrac{m}{n}$, 故 k 的矩估计值为 $\hat{k}_M=\dfrac{n}{m}-1$.

(2) 极大似然估计法.

由于每个 X_i 的分布为

$$P\{X_i=x_i\}=\left(\frac{k}{1+k}\right)^{1-x_i}\left(\frac{1}{1+k}\right)^{x_i}, x_i=0,1$$

设 $x_{1,}x_2,\cdots,x_n$ 为相应抽样结果 (样本观测值), 则似然函数为

$$L(k;x_1,x_2,\cdots,x_n)=\left(\frac{k}{1+k}\right)^{n-\sum\limits_{i=1}^{n}x_i}\left(\frac{1}{1+k}\right)^{\sum\limits_{i=1}^{n}x_i}=\frac{k^{n-m}}{(1+k)^n}$$

$$\ln L(k;x_1,x_2,\cdots,x_n)=(n-m)\ln k-n\ln(1+k)$$

令

$$\frac{\mathrm{d}\ln\ L(k;x_1,x_2,\cdots,x_n)}{\mathrm{d}k}=\frac{n-m}{k}-\frac{n}{1+k}=0$$

可求得 k 的极大似然估计值为 $\hat{k}=\dfrac{n}{m}-1$.

5.2.4 色盲的遗传学模型研究

例 5.4 随机调查 1000 人, 按性别和是否色盲将这 1000 人分类, 分类结果如下：男性正常、女性正常、男性色盲和女性色盲人数分别为 442, 514, 38, 6. 试求这四类人群所占比例 $p_i(i=1,\cdots,4)$ 的极大似然估计.

解 根据遗传学理论, 性别决定于两个染色体, 女性是 XX, 男性是 XY, 人群中有 XX 和 XY 染色体的人所占的比例都是 $\frac{1}{2}$; 染色体 X 与非色盲遗传因子 A 或色盲遗传因子 a 成对出现, 概率分别为 p 和 q, $p+q=1$, 染色体 Y 不可能与 A 或 a 成对出现; 遗传因子有显性和隐性之分, 非色盲遗传因子 A 是显性因子, 色盲遗传因子 a 是隐性因子.

根据遗传学知识, 对男性来说, (XA)Y 的情况没有色盲, 其概率为 $\frac{p}{2}$; (Xa)Y 的情况有色盲, 其概率为 $\frac{q}{2}$. 对女性来说, (XA)(XA)、(XA)(Xa) 和 (Xa)(XA) 三种情况都没有色盲, 它们的概率之和为 $\frac{p^2}{2}+pq$; (Xa)(Xa) 的情况有色盲, 其概率为 $\frac{q^2}{2}$. 即男性正常、女性正常、男性色盲和女性色盲这四类人所占的比例分别为 $\frac{p}{2}$、$\frac{p^2}{2}+pq$、$\frac{q}{2}$ 和 $\frac{q^2}{2}$, 其中 p 未知, 且 $q=1-p$.

将男性正常、女性正常、男性色盲和女性色盲这四类人数分别记为 $A_1,\cdots,A_4$, 并记类 A_i 所占的比例为 $p_i(i=1,\cdots,4)$, 则

$$p_1=\frac{p}{2},\quad p_2=\frac{p^2}{2}+pq,\quad p_3=\frac{q}{2},\quad p_4=\frac{q^2}{2}$$

这些 p_i 都依赖一个未知参数 p, 参数 p 的似然函数为

$$\begin{aligned} L(p) &= \left(\frac{p}{2}\right)^{442}\left(\frac{p^2}{2}+pq\right)^{514}\left(\frac{q}{2}\right)^{38}\left(\frac{q^2}{2}\right)^{6} \\ &= p^{956}(2-p)^{514}(1-p)^{50} \end{aligned}$$

从而有对数似然方程

$$\frac{\partial \ln L(p)}{\partial p}=\frac{956}{p}-\frac{514}{2-p}-\frac{50}{1-p}=0$$

即 $1520p^2-3482p+1912=0$. 据此求得 p 的极大似然估计 $\hat{p}\approx 0.91$, 从而可得 p_i 的极大似然估计 $\hat{p}_i=p_i(\hat{p}), i=1,\cdots,4$. 它们分别为 0.455、0.49595、0.045 和 0.00405(由此还可得各类的期望频数的估计值 $n\hat{p}_i, i=1,\cdots,4$ 分别为 455、495.95、45 和 4.05).

注：使用 Excel 软件，由数值迭代算法可求得参数 p 的极大似然估计，使得似然函数或对数似然函数达到极大值. 如何设定 p 的初始值是数值迭代算法能否正确求解的关键. 对本案例来说，可通过以下一些途径设定 p 的初始值. 因为 (XA)Y 是男性无色盲者，所以无色盲的男性只有 A，没有 a，在随机调查 1000 人中无色盲的男性有 442 人，所以 A 与 X 成对出现的概率 p 不可能小于 0.442. 其次，由于无色盲者才有 A，色盲者没有 A，并且在随机调查 1000 人中有 956 人无色盲，故 A 与 X 成对出现的概率 p 不可能大于 0.956. 因此，由调查数据知，p 的初始值应设定在 0.442~0.956. 另外，由于男性无色盲的概率为 $\frac{p}{2}$，在随机调查 1000 人中男性无色盲者有 442 人，故 p 的初始值应设定在 $0.442 \times 2 = 0.884$ 附近. 类似地，由男性色盲、女性无色盲和女性色盲的概率，以及在随机调查的人中男性色盲、女性无色盲和女性色盲各有多少人，也可以推得 p 的初始值应设定在什么值附近. 在本案例中，取 p 的初始值为 0.85.

5.2.5　置信区间的求解

例 5.5　现从 5~6 岁的幼儿中随机地抽查了 9 人，其高度 (单位：cm) 分别为：115, 120, 131, 115, 109, 115, 115, 105, 110. 已知标准差 σ 为 7，求幼儿平均身高的 95%的置信区间.

解　幼儿身高一般都服从正态分布 $X \sim N(\mu, \sigma^2)$. 寻求置信区间的基本思想：在点估计的基础上，构造合适的函数，并针对给定的置信度导出置信区间.

根据置信区间计算公式：

$$\left[\overline{X} - \frac{\sigma}{\sqrt{n}} z_{\frac{\alpha}{2}}, \overline{X} + \frac{\sigma}{\sqrt{n}} z_{\frac{\alpha}{2}}\right]$$

将具体数值代入，计算得置信区间为 $[110.43, 119.57]$.

这里可以思考：为考虑某种香烟的尼古丁含量 (单位：mg)，抽取了 8 支香烟并测得尼古丁的平均含量为 $\bar{x} = 0.26$. 设该香烟尼古丁含量 $X \sim N(\mu, 2.3)$，试求 μ 的单侧置信上限，置信度为 0.95.

5.2.6　高校对扩招的态度

例 5.6　在一项对高校扩招的态度调查中，某市 10 所院校对高校扩招的态度数据如表 5.3 所示 (分数越高态度越积极). 求：

(1) 院校 B、F、E 的总体平均态度分的 95%置信区间;

(2) 院校 B 和 E 的总体平均态度分之差的 95%置信区间;

(3) 院校 F 和 E 的总体平均态度分之差的 95% 置信区间.

表 5.3 高校招生相关数据

院校	态度分平均值	标准差	人数
A	3.81	0.67	48
B	4.32	0.55	50
C	4.08	0.68	52
D	3.98	0.65	50
E	3.58	0.64	50
F	3.78	0.71	49
G	4.26	0.66	50
H	4.12	0.74	42
I	3.88	0.57	48
J	4.07	0.63	44

解 因为总体标准差未知, 所以可用样本标准差 s 代替.

(1) 因为表 5.3 中样本数都大于 30, 所以认为样本均值的抽样分布服从正态分布. 用 s 近似代替 $\bar{X} \sim N\left(\mu, \dfrac{\sigma^2}{n}\right)$ 中的 σ, 根据样本数据的样本均值和标准差, 置信水平 $1-\alpha = 0.95$, 查标准正态分布表可得 $z_{\frac{\alpha}{2}} = 1.96$.

院校 B 总体态度分的 95% 置信区间为

$$\left(\bar{x}_1 - z_{\frac{\alpha}{2}}\frac{\sigma_0}{\sqrt{n}}, \bar{x}_1 + z_{\frac{\alpha}{2}}\frac{\sigma_0}{\sqrt{n}}\right)$$

将表 5.3 中数据代入计算, 得 $\left(4.32 - 1.96 \times \dfrac{0.55}{\sqrt{50}}, 4.32 + 1.96 \times \dfrac{0.55}{\sqrt{50}}\right) \approx (4.17, 4.47)$.

院校 F 总体态度分的 95% 置信区间为

$$\left(\bar{x}_2 - z_{\frac{\alpha}{2}}\frac{\sigma_0}{\sqrt{n}}, \bar{x}_2 + z_{\frac{\alpha}{2}}\frac{\sigma_0}{\sqrt{n}}\right)$$

将表 5.3 中数据代入计算, 得 $(3.58, 3.98)$.

院校 E 总体态度分的 95% 置信区间为

$$\left(\bar{x}_3 - z_{\frac{\alpha}{2}}\frac{\sigma_0}{\sqrt{n}}, \bar{x}_3 + z_{\frac{\alpha}{2}}\frac{\sigma_0}{\sqrt{n}}\right)$$

将表 5.3 中数据代入计算, 得 $(3.40, 3.76)$.

(2) 因为两个样本都为大样本, 所以根据抽样分布的知识可知, 两样本均值之差 $\bar{X}_1-\bar{X}_2\sim N\left(\mu_1-\mu_2,\dfrac{\sigma_1^2}{n_1}+\dfrac{\sigma_2^2}{n_2}\right)$. 院校 B 和 E 总体态度分之差的 95%置信区间为

$$\left(\overline{x_1}-\overline{x_2}-z_{\frac{\alpha}{2}}\sqrt{\frac{\sigma_1^2}{n_1}+\frac{\sigma_2^2}{n_2}},\overline{x_1}-\overline{x_2}+z_{\frac{\alpha}{2}}\sqrt{\frac{\sigma_1^2}{n_1}+\frac{\sigma_2^2}{n_2}}\right)$$

用样本方差代替总体方差, 求得两者总体均值方差的置信区间为 $(0.51,0.97)$.

(3) 同 (2), 可以求得院校 F 和 E 的总体平均态度分之差的 95%置信区间为 $(-0.066,0.466)$.

思考题: 为了比较甲、乙两种型号的灯泡寿命, 随机地抽取甲种灯泡 5 个, 测得平均寿命 $\bar{X}$=1000h, 样本标准差 S_{n_1}=28h; 随机地抽取乙种灯泡 7 个, 测得平均寿命 $\bar{Y}$=980h, 样本标准差 S_{n_2}=32h. 假定这两种灯泡的寿命服从正态分布且方差相同, 试求 $\mu_1-\mu_2$ 的置信度为 0.95 的置信区间.

5.2.7　区间估计在房地产市场中的应用

例 5.7　为了估计某市二手房交易的平均价格, 制定相应的营销策略, 某房地产中介公司根据数据对如下问题进行分析:

(1) 在 2018 年第四季度的二手房交易中, 随机抽取 40 个交易作为样本, 得到二手房交易价格 (单位: 万元) 如表 5.4 所示, 假定总体标准差 $\sigma=15$, 试在 95%的置信水平下估计二手房平均价格的置信区间;

(2) 假定二手房的交易价格服从正态分布, 试在 95%的置信水平下估计二手房交易价格方差的置信区间;

(3) 假定该房地产公司在某日随机抽取 16 位二手房购买者, 得到二手房交易价格如表 5.5 所示, 根据以往交易情况得知: 二手房交易价格服从正态分布, 但总体方差未知, 试在 95%的置信水平下估计二手房交易平均价格的置信区间;

(4) 从 2019 年初开始, 二手房交易价格急剧攀升, 为对比 2019 年第一季度与 2018 年第四季度二手房平均价格的差异, 该房地产中介公司从 2019 年第一季度的交易中随机抽取 36 个, 得到二手房交易价格如表 5.6 所示. 将以上数据和 2018 年第四季度二手房交易价格进行整理, 得到表 5.7. 根据以上数据, 试以 95%置信水平估计 2019 年第一季度与 2018 年第四季度的二手房交易平均价格差值的置信区间.

表 5.4 2018 年第四季度二手房交易价格

价格/万元							
48	52.4	36	45	80	19.9	44	60.5
33	39.5	21	58.1	72	36.6	51	49
73.5	16	65	48	102	37.5	42.8	48
36.5	27	46.2	33.5	41	56	58.5	39
40.5	35.4	22.5	41	50.8	38	34.2	43

表 5.5 某日随机抽取的 16 个二手房交易价格

价格/万元							
63.4	22.6	55	48	79.4	37.5	42.8	48
36.5	27	45.2	33.5	41	36.2	30.5	49

表 5.6 2019 年第一季度二手房交易价格

价格/万元								
55.4	48.6	52	49	82.4	72	67.5	42.8	48
36.5	77	45.2	33.5	41	36.5	39.2	39	48.6
48	42.8	36	45	80	45	41.2	53.5	105
52	45.5	31	58.1	72	76.2	51	49	96

表 5.7 2018 年第四季度与 2019 年第一季度二手房交易价格数据

参数	2018 年第四季度	2019 年第一季度
样本容量	40	36
样本均值/万元	45.54	53.93
样本标准差/万元	16.87	17.84

解 (1) 已知 n =40, $\sigma = 15$, 计算得到样本均值 $\overline{x} = \sum_{i=1}^{n} \frac{x_i}{n} = 45.54$, 由 $1-\alpha = 0.95$, 查标准正态分布表得 $z_{0.025} = 1.96$. 于是, 在 95%的置信水平下的置信区间为

$$\overline{x} \pm z_{\frac{\alpha}{2}} \frac{\sigma}{\sqrt{n}} = 45.54 \pm 1.96 \times \frac{15}{\sqrt{40}} \approx 45.54 \pm 4.65$$

即 (40.89, 50.19). 结果表明: 在 95%的置信水平下, 二手房交易价格 (单位: 万元) 的置信区间为 (40.89, 50.19).

(2) 计算得 $s^2 = 284.79$, 由 $\alpha = 0.05$, $\chi^2_{\frac{\alpha}{2}}(n-1) = \chi^2_{0.025}(39) = 58.12$,

$\chi^2_{1-\frac{\alpha}{2}}(n-1)=\chi^2_{0.975}(39)=23.65$. 在 95%置信水平下的置信区间为

$$\frac{(40-1)\times 284.79}{58.12}\leqslant \sigma^2\leqslant \frac{(40-1)\times 284.79}{23.65}$$

即 (191.10, 469.55), 相应地, 总体标准差的置信区间为 (13.82, 21.66). 结果表明: 有 95%的把握认为, 2018 年第四季度二手房交易价格的标准差在 13.82 万元到 21.66 万元之间.

(3) 已知 n=16, 计算得到样本均值 $\overline{x}=43.475$, 样本标准差 $s=14.175$. 由 $1-\alpha=0.95$, 查 t 分布表得 $t_{0.025}(15)=2.131$, 故在 95%的置信水平下的置信区间为

$$\overline{x}\pm t_{\frac{\alpha}{2}}\frac{s}{\sqrt{n}}=43.475\pm 2.131\times\frac{14.175}{\sqrt{16}}\approx 43.475\pm 7.552$$

即 (35.923, 51.027). 结果表明: 在 95%的置信水平下, 二手房价格 (单元: 万元) 的置信区间为 (35.923, 51.027), 即该公司可以有 95%的把握认为, 二手房交易价格在 35.923 万元到 51.027 万元之间.

(4) 由于两个样本相互独立, 且均为大样本, 因此两个样本的均值之差服从正态分布. 在 95%置信水平下做出区间估计如下:

$$(\overline{x}_1-\overline{x}_2)\pm z_{\frac{\alpha}{2}}\sqrt{\frac{s_1^2}{n_1}+\frac{s_2^2}{n_2}}\approx -8.38\pm 7.83$$

即 $(-16.21,-0.55)$. 结果表明: 有 95%的把握认为, 总体平均价格 (单位: 万元) 的置信区间为 $(-16.21,-0.55)$, 即 2019 年第一季度比 2018 年第四季度的二手房平均交易价格显著上升.

类似的可以处理以下问题:

(1) 为对比某市不同地区二手房交易价格的差异, 该房地产中介公司从不同地区两个营业部 2019 年第一季度的二手房交易中各抽取 8 个, 得到二手房交易价格如表 5.8 所示.

表 5.8　2019 年第一季度不同地区二手房交易价格

地区	价格/ 万元							
A	75.2	62	64	86.8	72	65.5	58	103.5
B	45.5	31	58.1	72	50.2	51	49	96

假定两个地区的二手房交易价格服从正态分布, 且方差相等. 试以 95%置信水平估计 2019 年第一季度 A 地区和 B 地区的二手房平均价格差值的置信区间.

解 已知 n=16, 总体方差未知, 计算得

$$\overline{x}_1 = 73.375, \overline{x}_2 = 56.6, s_1^2 = 229.81, s_2^2 = 385.77$$

由 $1-\alpha=0.95$, $8+8-2=14$, 查 t 分布表得 $t_{\frac{0.05}{2}}(14)=2.145$, 于是在 95% 置信水平下的置信区间为

$$(\overline{x}_1 - \overline{x}_2) \pm t_{\alpha/2}(n_1+n_2-2)\sqrt{s_p^2\left(\frac{1}{n_1}+\frac{1}{n_2}\right)}$$

$$=(73.375-56.6) \pm 2.145 \times \sqrt{307.79 \times \left(\frac{1}{8}+\frac{1}{8}\right)} \approx 16.775 \pm 18.816$$

即 $(-2.041, 35.591)$. 结果表明：有 95%的把握认为, 总体平均交易价格的差异在 -2.041 万元到 35.591 万元之间.

本例中, 所求置信区间包含 0, 说明没有足够的理由认为 2009 年第一季度 A 地区和 B 地区的二手房交易平均价格存在显著差异.

(2) 为比较分析该市同一地区不同年份二手房价格的差异, 该房地产中介公司从 A 地区 2018 年第四季度的二手房交易中, 抽取了 8 个交易, 并根据 2019 年当月市场行情, 分别对这 8 个房源进行重新估价, 得到二手房价格如表 5.9 所示. 假定二手房价格服从正态分布, 且方差相等. 试以 95%置信水平估计 A 地区 2019 年第一季度和 2018 年第四季度的二手房平均价格差值的置信区间.

表 5.9 同一地区不同年份的二手房交易价格

项目	价格/万元							
2018 年交易价格	55.2	62	54	66.8	44	62.5	58	103.5
2019 年市场估价	64.5	69.5	64.8	78	50.2	72.1	65	109
差额	−9.3	−7.5	−10.8	−11.2	−6.2	−9.6	−7	−5.5

解 已知 n=8, 总体方差未知, 计算得

$$\overline{x}_1 = 63.25, \overline{x}_2 = 71.64, \overline{d} = -8.388, s_d = 2.134$$

由 $1-\alpha=0.95$, 查 t 分布表得 $t_{\frac{0.05}{2}}(7)=2.365$. 于是, 在 95%置信水平下的置信区间为

$$\bar{d} \pm t_{\frac{\alpha}{2}}(n-1)\frac{s_d}{\sqrt{n}} = -8.388 \pm 2.365 \times \frac{2.134}{\sqrt{8}} \approx -8.388 \pm 1.784$$

即 (−10.172, −6.604). 结果表明：有 95%的把握认为, 总体平均价格 (单位：万元) 的差值的置信区间为 (−10.172, −6.604), 即 A 地区 2019 年第一季度比 2018 年第四季度的二手房平均价格有显著提高.

5.2.8 利用 Excel 计算置信区间

例 5.8 为研究某种汽车轮胎的磨损情况, 随机选取 16 个轮胎, 每个轮胎行驶到磨坏为止. 记录所行驶的里程如表 5.10 所示. 假设汽车轮胎的行驶里程服从正态分布, 均值、方差未知, 试求总体均值 μ 的置信度为 0.95 的置信区间.

表 5.10 轮胎行驶里程

里程/km							
41250	40187	43175	41010	39265	41782	42654	41287
38970	40200	42550	41095	40680	43500	39775	40400

解 (1) 在单元格 A1 中输入 “样本数据”, 在单元格 B4 中输入 “指标名称”, 在单元格 C4 中输入 “指标数值”, 并在单元格 A2：A17 中输入样本数据.

(2) 在单元格 B5 中输入 “样本容量”, 在单元格 C5 中输入 “16”.

(3) 计算样本平均行驶里程. 在单元格 B6 中输入 “样本均值”, 在单元格 C6 中输入公式：“=average(A2, A17)”, 回车后得到的结果为 41116.875.

(4) 计算样本标准差 (标准偏差). 在单元格 B7 中输入 “样本标准差”, 在单元格 C7 中输入公式：“STDEV(A2：A17)”, 回车后得到的结果为 1346.842771.

(5) 计算抽样平均误差. 在单元格 B8 中输入 “抽样平均误差”, 在单元格 C8 中驶入公式：“=C7 / SQRT(C5)”, 回车后得到的结果为 336.7106928.

(6) 在单元格 B9 中输入 “置信度”, 在单元格 C9 中输入 “0.95”.

(7) 在单元格 B10 中输入 “自由度”, 在单元格 C10 中输入 “15”.

(8) 在单元格 B11 中输入 “t 分布的双侧分位数”, 在单元格 C11 中输入公式：“TINV(1−C9, C10)”, 回车后得到 $\alpha = 0.05$ 的 t 分布的双侧分位数 $= 2.1315$.

(9) 计算允许误差. 在单元格 BI2 中输入 “允许误差”, 在单元格 C12 中输入公式：“=C11*C8”, 回车后得到的结果为 717.6822943.

(10) 计算置信区间下限. 在单元格 B13 中输入 “置信下限”, 在单元格 C13 中输入置信区间下限公式：“=C6 − C12”, 回车后得到的结果为 40399.19271.

(11) 计算置信区间上限. 在单元格 B14 中输入 “置信上限”, 在单元格 C14 中输入置信区间上限公式：“=C6 + C12”, 回车后得到的结果为 41834.55729.

5.2.9 失业人口平均年龄的区间估计

例 5.9 某市对失业状况进行调查研究, 选取 50 名失业居民组成一组样本, 记录他们的年龄以及失业时间 (以周为单位), 如表 5.11 所示. 求该市失业人员年龄总体均值的 95% 置信区间.

表 5.11 某市 50 名失业居民的数据

居民编号	年龄/岁	失业时间/周
1	56	22
2	35	19
3	22	7
4	57	37
5	40	18
6	22	11
7	48	6
8	48	22
9	25	5
10	40	20
11	25	12
12	25	1
13	59	33
14	49	26
15	33	13
16	56	15
17	20	17
18	31	11
19	27	17
20	23	3
21	45	17
22	29	14
23	31	4
24	59	39
25	39	7
26	35	12
27	44	38
28	27	14
29	24	6
30	27	7
31	45	25

续表

居民编号	年龄/岁	失业时间/周
32	42	33
33	45	16
34	44	12
35	21	13
36	31	16
37	42	4
38	23	14
39	51	31
40	27	7
41	30	10
42	33	23
43	32	8
44	22	7
45	51	12
46	50	16
47	21	9
48	38	5
49	26	8
50	55	35

解 根据案例提供的失业统计资料, 可以看到这次数据分析采用的样本数据容量为 50, 内容包括失业人员年龄和失业时间两项数据, 需根据这些样本数据估计失业人口平均年龄的置信区间. 由于并没有关于总体标准差的一个好的估计, 在这种情形下, 就必须利用同一样本来估计总体的均值 μ 和标准差 σ.

在此之前, 先分析失业人口年龄调查的抽样分布: 利用描述统计量做一些必要的数据汇总. 可以利用 Excel 的数据分析工具进行描述统计工作: 勾选 "汇总统计" 和 "平均数置信度" 选框, 其中置信度根据案例要求, 填入 95%. 利用 Excel 软件自动进行数据汇总, 结果如表 5.12 所示, 其中样本的失业年龄平均值和失业年龄的样本标准差可以用来估计失业年龄总体的平均值 μ 和 95%置信水平下的边际误差 (margin of error, ME). 可以发现, 其实数据汇总时已将边际误差算出, 就是表中 "置信度" 一项的数值.

从表 5.12 中可知, 样本的失业年龄偏度约为 0.36, 样本容量已经足够大且样本数据不存在异常值, 因此可以利用 t 分布来进行总体均值的近似区间估计.

表 5.12 样本数据汇总

参数	失业年龄/岁	参数	失业时间/周
平均	36.6	平均	15.54
标准误差	1.689342	标准误差	1.403846029
中位数	34	中位数	13.5
众数	27	众数	7
标准差	11.94545	标准差	9.926690469
方差	142.6939	方差	98.53918367
峰度	−1.14515	峰度	0.053711356
偏度	0.357283	偏度	0.9107658
区域	39	区域	38
最小值	20	最小值	1
最大值	59	最大值	39
求和	1830	求和	777
观测数	50	观测数	50
置信度 (95 %)	3.39486	置信度 (95 %)	2.821134164

当利用样本标准差 s 代替总体标准差进行总体均值区间估计时, 公式为

$$\left(\overline{x}-t_{\frac{\alpha}{2}}\frac{s}{\sqrt{n}},\overline{x}+t_{\frac{\alpha}{2}}\frac{s}{\sqrt{n}}\right)$$

根据案例条件, $\frac{\alpha}{2}=0.025$, 由自由度 $n=50-1=49$ 得到 $t_{\frac{\alpha}{2}}(49)=2.0096$, 则边际误差 $\mathrm{ME}=\pm t_{\frac{\alpha}{2}}\frac{s}{\sqrt{n}}=\pm 2.0096\times\frac{11.9455}{\sqrt{49}}\approx\pm 3.3949$. 该市失业人口年龄总体均值的 95% 置信区间为 (33.21, 39.99).

注: 本案例还可以直接用 Minitab 软件计算. 将均值 36.6、标准差 11.9455、样本容量 50、置信水平 95%等参数输入 Minitab 进行备择为不等于的单样本 t 计算, 可得失业人口年龄总体均值的 95% 置信区间为 (33.21, 39.99).

第 6 章 假 设 检 验

统计推断的另一个重要课题是根据样本提供的信息来判断总体是否具有预先指定的特征. 例如, 若总体的分布函数的表达式已知而参数未知, 或分布函数的表达式未知时, 则人们根据专业知识或实践经验, 提出某种假设 (称为原假设), 然后从总体中抽取样本, 建立统计量, 对原假设能否被接受进行判断或检验, 这一类统计推断问题称为假设检验问题. 关于总体的分布函数中未知参数的假设检验, 称为参数假设检验问题; 关于总体的分布类型, 即分布函数的表达式的假设检验, 称为非参数检验或分布拟合检验. 本章首先回顾基础理论, 然后介绍假设检验在一些实际案例中的应用.

6.1 假设检验理论简介

6.1.1 假设检验问题的主要步骤

第一步：提出检验假设.

假设检验问题有两种提法：一种是只提出一个统计假设 H_0(称为零假设或原假设) 来进行检验, 如果检验通不过, 结论为 "H_0 不成立"; 另一种是提出两个互不相容的假设 H_0 及一旦 H_0 被否定所应该接受的假设 H_1(称为备择假设或对立假设), 仍然对 H_0 进行检验. 但是, 如果检验通不过, 得到的结论是 "H_0 不成立, 但 H_1 成立". 应当指出, 原假设是所要检验的对象.

第二步：确定检验统计量, 并确定该统计量的分布.

确定检验统计量是假设检验中重要的环节, 应选取在原假设 H_0 成立的条件下能够确定其分布的统计量为检验统计量.

第三步：确定 H_0 的拒绝域.

按问题的具体要求选取适当的显著性水平 α, 利用所选统计量构造一个使备择假设成立的小概率事件, 使得小概率事件发生的条件即为拒绝域. 统计量不同, 拒绝域就往往不同. 其具体确定方法, 将通过后面的假设检验问题给出.

第四步：做出检验结论.

根据样本观测值计算统计量的观测值, 若统计量的值落入拒绝域, 便拒绝原假设 H_0, 接受备择假设 H_1; 否则, 就接受原假设 H_0.

6.1.2 一个正态总体的假设检验

1. *已知方差检验均值*

设 $X \sim N(\mu, \sigma^2)$, 其中 $\sigma^2 = \sigma_0^2$ 为已知, 检验假设 $H_0: \mu = \mu_0$, 其中 μ_0 为已知数.

当 H_0 成立时, $X \sim N(\mu_0, \sigma_0^2)$, 故有 $\overline{X} \sim N\left(\mu_0, \dfrac{\sigma_0^2}{n}\right)$, 从而统计量

$$U = \frac{\overline{X} - \mu_0}{\dfrac{\sigma_0}{\sqrt{n}}}$$

服从标准正态分布 $N(0,1)$, 它可以作为判断 H_0 的检验统计量. 这种检验法称为 U 检验法.

2. *未知方差检验均值*

设总体 $X \sim N(\mu, \sigma^2)$, 方差 σ^2 未知, 由样本观测值 $x_1, x_2, \cdots, x_n$ 检验假设

$$H_0: \mu = \mu_0; \quad H_1: ① \ \mu \neq \mu_0; \quad ② \ \mu < \mu_0; \quad ③ \ \mu > \mu_0$$

当 H_0 为真时, $X \sim N(\mu_0, \sigma^2)$, 统计量

$$T = \frac{\overline{X} - \mu_0}{\dfrac{S}{\sqrt{n}}}$$

服从自由度为 $n-1$ 的 t 分布, 其中 S^2 是样本方差. 用统计量 T 来检验原假设 H_0, 这种检验法称为 T 检验法.

3. *未知期望检验方差*

设样本 $X_1, X_2, \cdots, X_n$ 来自总体 $X \sim N(\mu, \sigma^2)\mu$ 未知, 检验假设

$$H_0: \sigma^2 = \sigma_0^2; \quad H_1: ① \ \sigma^2 \neq \sigma_0^2; \quad ② \ \sigma^2 < \sigma_0^2; \quad ③ \ \sigma^2 > \sigma_0^2$$

当 H_0 为真时, 由于统计量

$$\chi^2 = \frac{(n-1)S^2}{\sigma_0^2}$$

服从自由度为 $n-1$ 的 χ^2 分布, 即

$$\chi^2 = \frac{(n-1)S^2}{\sigma_0^2} \sim \chi^2(n-1)$$

其中, S^2 是样本方差. 用统计量 χ^2 来检验原假设 H_0, 这种方法称为 χ^2 检验法.

6.1.3　两个正态总体均值的假设检验

设 $X_1, X_2, \cdots, X_n$ 来自总体 $X \sim N(\mu_1, \sigma_1^2)$; $Y_1, Y_2, \cdots, Y_n$ 来自总体 $Y \sim N(\mu_2, \sigma_2^2)$. σ_1^2, σ_2^2 均未知, 但已知 $\sigma_1^2 = \sigma_2^2 = \sigma^2$, 且两个样本相互独立. 它们的样本均值分别是 $\bar{x}, \bar{y}$, 样本方差分别是 S_1^2, S_2^2. 要求检验假设 $H_0: \mu_1 = \mu_2$;　H_1: ① $\mu_1 \neq \mu_2$; ② $\mu_1 < \mu_2$; ③ $\mu_1 > \mu_2$.

在原假设 H_0 为真时, 统计量

$$T = \frac{\bar{X} - \bar{Y}}{S_\omega \sqrt{\dfrac{1}{n_1} + \dfrac{1}{n_2}}} \sim t(n_1 + n_2 - 2)$$

其中,

$$S_\omega^2 = \frac{(n_1 - 1)S_1^2 + (n_2 - 1)S_2^2}{n_1 + n_2 - 2}$$

用统计量 T 来检验假设 H_0, 此检验法也称为 T 检验法.

1. $H_0: \mu_1 = \mu_2; H_1: \mu_1 \neq \mu_2$

当 H_0 为真时, 统计量 $T \sim t(n_1 + n_2 - 2)$. 给定 $0 < \alpha < 1$, 则有

$$P\{|T| > t_\alpha(n_1 + n_2 - 2)\} = \alpha$$

H_0 的拒绝域为 $G = \{|T| > t_\alpha(n_1 + n_2 - 2)\}$

2. $H_0: \mu_1 = \mu_2; H_1: \mu_1 < \mu_2$

由 $P\{T < -t_\alpha(n_1 + n_2 - 2)\} = \alpha$ 知 H_0 的拒绝域为

$$G = \{T < -t_\alpha(n_1 + n_2 - 2)\}$$

3. $H_0: \mu_1 = \mu_2; H_1: \mu_1 > \mu_2$

由 $P\{T > t_\alpha(n_1 + n_2 - 2)\} = \alpha$ 知 H_0 的拒绝域为

$$G = \{T > t_\alpha(n_1 + n_2 - 2)\}$$

其中, α 是显著性水平, $t_\alpha(n_1 + n_2 - 2)$ 是 $t(n_1 + n_2 - 2)$ 分布的上侧 α 分位点.

需要指出的是, 当 σ_1^2, σ_2^2 未知时, 应先检验方差齐性, 即检验 $\sigma_1^2 = \sigma_2^2$, 然后使用本检验法.

6.1.4 两个正态总体方差的假设检验

在上面讨论的问题中, 可以认为两个总体的方差是相等的. 那么, 有什么根据说它们相等呢? 除非已有大量的实践经验可以作出判断, 否则, 就应根据样本值来检验两个总体的方差是否相等.

设 $X_1, X_2, \cdots, X_{n_1}$ 来自总体 $X \sim N(\mu_1, \sigma_1^2)$; $Y_1, Y_2, \cdots, Y_{n_2}$ 来自总体 $Y \sim N(\mu_2, \sigma_2^2)$. 且 X, Y 相互独立, μ_1, μ_2 均未知. 检验假设

$$H_0: \sigma_1^2 = \sigma_2^2; \quad H_1: ① \ \sigma_1^2 \neq \sigma_2^2; \quad ② \ \sigma_1^2 < \sigma_2^2; \quad ③ \ \sigma_1^2 > \sigma_2^2$$

在原假设 H_0 为真时, 统计量

$$F = \frac{S_1^2}{S_2^2} \sim F(n_1 - 1, n_2 - 1)$$

用统计量 F 来检验两个正态总体的方差齐性, 这种检验法称为 F 检验法.

1. $H_0: \sigma_1^2 = \sigma_2^2; H_1: \sigma_1^2 \neq \sigma_2^2$

当 H_0 为真时, 统计量 $F \sim F(n_1 - 1, n_2 - 1)$, 给定 $0 < \alpha < 1$, 则由

$$P\{F > F_{\frac{\alpha}{2}}(n_1 - 1, n_2 - 1)\} = \frac{\alpha}{2}$$

$$P\{F > F_{1-\frac{\alpha}{2}}(n_1 - 1, n_2 - 1)\} = 1 - \frac{\alpha}{2}$$

即

$$P\{F \in (0, F_{1-\frac{\alpha}{2}}(n_1 - 1, n_2 - 1)) \bigcup (F_{\frac{\alpha}{2}}(n_1 - 1, n_2 - 1), +\infty)\} = \alpha$$

知 H_0 的拒绝域为

$$G = (0, F_{1-\frac{\alpha}{2}}(n_1 - 1, n_2 - 1)) \bigcup (F_{\frac{\alpha}{2}}(n_1 - 1, n_2 - 1), +\infty)$$

2. $H_0: \sigma_1^2 = \sigma_2^2; H_1: \sigma_1^2 < \sigma_2^2$

由 $P\{F > F_{1-\alpha}(n_1 - 1, n_2 - 1)\} = 1 - \alpha$ 知 H_0 的拒绝域为

$$G = (0, F_{1-\alpha}(n_1 - 1, n_2 - 1))$$

3. $H_0: \sigma_1^2 = \sigma_2^2; H_1: \sigma_1^2 > \sigma_2^2$

由 $P\{F > F_\alpha(n_1-1, n_2-1)\} = \alpha$ 知 H_0 的拒绝域为

$$G = (F_\alpha(n_1-1, n_2-1), +\infty)$$

6.2 应用案例分析

6.2.1 骰子均匀性的检验

例 6.1 一枚骰子掷了 120 次, 得到分组频数如表 6.1 所示, 试在 $\alpha = 0.05$ 条件下检验这枚骰子是否均匀、对称.

表 6.1 掷骰子结果分组频数

出现点数 i	1	2	3	4	5	6
出现次数 v_i	23	26	21	20	15	15

解 设 X 是骰子出现的点数, 根据题意提出原假设:

$$H_0: P(X=i) = \frac{1}{6},\ i = 1,2,3,4,5,6$$

这里 $n = 120, p_i = \dfrac{1}{6}, np_i = 20$, 故

检验统计量 $\chi^2 = \displaystyle\sum_{i=1}^{k} \frac{(np_i - v_i)^2}{np_i} = 4.8$

查卡方分布表, $\chi^2_{0.05}(5) = 11.071 > 4.8$. 因此, 在显著性水平 $\alpha = 0.05$ 下接受原假设, 即可认为这枚骰子是均匀、对称的.

注: 在实际工作 (数据分析) 中, 有时并不知道总体是服从什么分布, 这就需要根据样本数据来检验总体分布形式, 称为分布拟合检验, 其中最常见的是总体分布正态性检验. 常用的方法有正态概率纸法和 χ^2 检验法等.

如果 X 为离散型随机变量, 且理论分布形式已知, 则其假设形式可设为 H_0: 总体分布律为 $P(X=a_i) = p_i, i = 1, 2, \cdots, k$, 其中, a_i 与 p_i 均为已知.

设 $X_1, X_2, \cdots, X_n$ 是从总体中抽取的样本, $x_1, x_2, \cdots, x_n$ 是相应的样本观测值, 记 v_i 为 $x_1, x_2, \cdots, x_n$ 中等于 a_i 的个数. 当样本容量 n 足够大时, 由大数定理, $x_1, x_2, \cdots, x_n$ 中等于 a_i 的个数大致为 np_i, 不妨将 np_i 称为 "理论频数", 而把 v_i 称为 "经验频数", 如表 6.2 所示.

表 6.2 X 频数表

X	a_1	a_2	$\cdots$	a_k
理论频数	np_1	np_2	$\cdots$	np_k
经验频数	v_1	v_2	$\cdots$	v_k

由常识可知, 理论频数与经验频数的差异越小, 越符合原假设 H_0 的内容, 基于这种想法, 统计学家皮尔逊构造出了以下统计量

$$\chi^2=\sum_{i=1}^{k}\frac{(np_i-v_i)^2}{np_i}$$

并证明了如下重要的结论.

定理 6.1 如果原假设 H_0 成立, 则当样本量 $n\to\infty$ 时, χ^2 的极限分布是自由度为 $k-1$ 的 χ^2 分布, 即 $\chi^2(k-1)$.

χ^2 拟合优度检验适用于具有明显分类特征的数据. 例如, 如果要研究消费者对某种产品是否有 "颜色" 偏好, 可以将 200 位消费者按购买不同颜色的产品分类, 得到各颜色购买者的人数. 根据这些样本数据来判断样本所属的总体分布与某一设定分布是否有显著差异, 所谓设定分布可以是熟悉的理论分布, 如正态分布、均匀分布等, 也可以是任何想象的分布. 零假设 H_0 是: 样本所属总体分布形态与设定分布无显著差异, 在进行检验时需要构造 χ^2 统计量.

$$\chi^2=\sum_{i=1}^{k}\frac{(f_{0i}-f_{ai})^2}{f_{ai}}$$

其中, k 是样本分类的个数; f_{0i} 表示实际观察到的频数; f_{ai} 表示设定频数, 即理论频数. 可见, 如果观察频数与设定频数越接近, 则 χ^2 值越小, 根据皮尔逊定理, 当 n 充分大时, χ^2 统计量渐近服从于 $k-1$ 个自由度的 χ^2 分布. 因为奠定检验基础的皮尔逊定理要求样本容量充分大, 所以在搜集资料时必须要保证样本容量不小于 50, 同时每个单元中的期望频数不能太小. 如果第一次分类时有单元中的频数小于 5, 则需要将它与相邻的组进行合并; 如果 20% 的单元理论频数 f_σ 小于 5, 则不能用 χ^2 检验了.

类似地可以思考: 某企业生产线上星期一至星期五的不合格产品数量如表 6.3 所示, 试检验五个不同工作日的产品不合格率是否相同 $(\alpha=0.05)$?

表 6.3 不合格品频数

工作日	星期一	星期二	星期三	星期四	星期五
不合格品个数	36	32	16	15	35

6.2.2 假设检验在药品疗效中的应用

例 6.2 为分析甲、乙两种安眠药的效果, 某医院将 20 个失眠病人分成两组, 每组 10 人, 两组病人分别服用甲、乙两种安眠药作对比试验. 试验结果如表 6.4 所示, 试求:

(1) 两种安眠药的疗效有无显著差异?

(2) 如果将试验方法改为对同一组 10 个病人, 每人分别服用甲、乙两种安眠药作对比试验, 试验结果仍如表 6.4 所示, 此时两种安眠药的疗效间有无差异?

表 6.4 两种安眠药延长睡眠时间对比试验

安眠药	时间/h									
	病人 1	病人 2	病人 3	病人 4	病人 5	病人 6	病人 7	病人 8	病人 9	病人 10
甲	1.9	0.8	1.1	0.1	−0.1	4.4	5.5	1.6	4.6	3.4
乙	0.7	−1.6	−0.2	−1.0	−0.1	3.4	3.7	0.8	0.0	2.0

解 (1) 设服用甲、乙两种安眠药的延长睡眠时间分别为 X_1, X_2, 且 $X_1 \sim N(\mu_1, \sigma^2)$, $X_2 \sim N(\mu_2, \sigma^2)$,$n_1 = n_2 = 10$. 由试验方法知 X_1, X_2 独立, 且 $H_0: \mu_1 = \mu_2; H_1: \mu_1 \neq \mu_2$. 由表 6.4 中所给数据, 可求得

$$\bar{x}_1 = 2.33, s_1^2 = 2.002^2, \bar{x}_2 = 0.75, s_2^2 = 1.789^2$$

$$S_w = \sqrt{\frac{9 \times 2.002^2 + 9 \times 1.789^2}{18}} \approx 1.8985$$

$$|t| = \frac{2.33 - 0.75}{1.8985\sqrt{1/10 + 1/10}} \approx 1.8609 < t_{0.025}(18) = 2.1009$$

故不能拒绝 H_0, 两种安眠药的疗效间无显著差异.

(2) 由于此时 X_1, X_2 为同一组病人分别服用两种安眠药的疗效, 因此 X_1, X_2 不独立, 属于成对样本试验. 对于这类 "成对样本试验" 的均值检验, 应当化为单个正态总体的均值检验, 方法如下:

设 $X = X_1 - X_2$(服用甲、乙两种安眠药延长睡眠时间之差), 则

$$X \sim N(\mu, \sigma^2)$$

建立假设：$H_0:\mu=0$; $H_1:\mu\neq 0$.

由表 6.4 中所给数据, 可求得 $\bar{x}=1.58, s=1.23, n=10$, 从而

$$|t|=\frac{1.58-0}{\dfrac{1.23}{\sqrt{10}}}=4.0621>t_{0.005}(9)=3.2498$$

故两种安眠药疗效间的差异是高度显著的.

6.2.3 假设检验在质量管理中的应用

例 6.3 (1) 某专用机床厂生产的专用机床, 对原材料的要求比较特殊. 按照机械工业产品生产标准规定, 每 100g 生铁原材料中硫元素的含量不能超过 5g. 经验表明, 此含量服从正态分布且标准差为 0.02. 检验员从原材料中抽取 15 箱样本, 每箱取出 100g, 经过检验得到如表 6.5 所示的样本数据. 判断当显著性水平为 0.05 时, 这批原料是否可以购入.

表 6.5 原材料抽样检验表

样本	1	2	3	4	5	6	7	8
硫元素含量/g	4.98	5.03	5.15	5.20	4.97	5.11	5.12	5.06
样本	9	10	11	12	13	14	15	
硫元素含量/g	5.10	5.08	5.18	5.11	5.14	5.00	5.10	

(2) 某专用机床厂生产的专用镗床的某一核心零件, 机械行业标准要求其标准强度为 100.0N/mm^2, 标准差不超过 1.5N/mm^2. 为了降低成本, 企业更新了铸造工艺, 为判断新工艺是否改变了该零件强度的均值和标准差 (显著性水平 $\alpha=0.05$), 从铸造厂的毛坯中随机抽取 10 个, 经过正常工序加工后, 测其强度数据如表 6.6 所示. 此新的工艺方法是否可以推广?

表 6.6 样本产品强度数据表

样本	1	2	3	4	5	6	7	8	9	10
强度/(N/mm^2)	97.6	103.0	97.5	101	99.8	102.0	97.8	98.8	99.4	101.2

解 (1) 建立假设 $H_0:\mu=5$; $H_1:\mu\neq 5$.

选择统计量, 因为 σ 已知, 所以选取统计量 $U=\dfrac{\overline{X}-\mu_0}{\dfrac{\sigma_0}{\sqrt{n}}}$, 采用 U 检验法.

根据显著性水平和备择假设, 查正态分布表可知拒绝域为

$$G = \{|U| > 1.96\}$$

根据样本观察值计算得 $\overline{x} = 5.09, |\mu| = \dfrac{|5.09 - 5|}{\dfrac{0.02}{\sqrt{15}}} \approx 1.64$. 因为样本观察值没有在拒绝域中, 所以不能拒绝原假设, 认为该批原料质量合格, 可以购进.

(2) 首先检验强度是否符合要求.

建立假设 $H_0 : \mu = 100.0$; $H_1 : \mu \neq 100.0$.

选择统计量, 因为 σ 未知, 所以选取统计量 $T = \dfrac{\overline{X} - \mu}{\dfrac{S}{\sqrt{n}}}$, 采用 T 检验法.

根据显著性水平和备择假设, 查 t 分布表可知拒绝域为

$$G = \{|T| > t_{\frac{\alpha}{2}}(n-1)\} = \{|T| > 2.262\}$$

根据样本观察值计算得 $\overline{x} = 99.8$, $s \approx 1.8603$.

计算 $|t| = \dfrac{\overline{x} - \mu}{\dfrac{s}{\sqrt{n}}} = \dfrac{|99.8 - 100|}{1.8603/\sqrt{10}} \approx 0.344 < 2.262$, 在拒绝域内, 接受原假设, 认为零件的强度符合标准.

其次, 对产品标准差进行假设检验.

建立假设 $H_0 : \mu = 5$; $H_1 : \mu \neq 5$.

选择统计量 χ^2, 进行 χ^2 检验.

根据显著性水平和备择假设, 查 χ^2 分布表可知拒绝域为

$$G = \{\chi^2 > \chi^2_\alpha(n-1)\} = \{\chi^2 > 16.919\}$$

根据样本观察值计算得

$$s^2 = 3.974$$

$$\chi^2 = \frac{(n-1)s^2}{\sigma_0^2} = \frac{(10-1) \times 3.974}{2.25} = 15.896 < 16.919$$

不在拒绝域内, 故拒绝原假设, 接受备择假设.

结合技术组关于零件其他指标的测量分析, 可以认为改变铸造方法后, 零件强度的均值和标准差没有显著变化, 此新的工艺方法可以推广, 有利于降低产品成本, 提高企业经济效益.

需要说明的是, 使用假设检验结论时, 首先要注意当假设检验中得到差异显著的结论时, 并没有表明差异的大小和重要性; 其次, 在判断差异的性质是机会的还

是真实的时候, 并不能将结论引入到对差异原因的判断上去; 最后, 不论差异是机会的还是真实的, 假设检验都不能指出其依赖的实验设计是否存在缺陷. 随着市场经济不断完善, 假设检验理论在质量管理中的重要性与日俱增, 作为一种由样本信息推断总体特征的数理统计方法, 在质量检验与控制的各个方面都得到了广泛的应用.

同样可以思考: 国家表面活性剂标准化中心委托某厂负责修订烷基苯国家标准时, 有关人员建议密度测试法由韦氏天平法改为密度计法. 因为后者方便、快捷, 而前者较烦琐, 所以在实际操作中, 大多数生产厂家都用密度计法. 为此, 取 10 个样本, 分别用两种方法进行测定, 数据记录如表 6.7 所示. 这两种方法测定结果在 $\alpha = 0.05$ 的置信水平上有无明显的差异?

表 6.7 密度测试数据表

罐号	日期	韦氏天平法	密度计法
301-1	2.4	0.8571	0.8562
301-2	3.14	0.8572	0.8562
	3.22	0.8571	0.8567
	3.28	0.8562	0.8567
	4.4	0.8561	0.8567
	4.12	0.8571	0.8567
301-3	4.17	0.8563	0.8570
301-4	3.6	0.8571	0.8570
	3.29	0.8570	0.8570
	3.31	0.8571	0.8572

6.2.4 信号的检测

例 6.4 考虑一个高斯白噪声中已知确定性信号的检测问题, 检测问题要区分如下两种假设:

$$\begin{cases} H_0: x[n] = w[n] & ,n = 0, 1, \cdots, N-1 \\ H_1: x[n] = s[n] + w[n] & ,n = 0, 1, \cdots, N-1 \end{cases}$$

其中, 信号 $s[n]$ 假设是已知的; $w[n]$ 是方差 σ^2 的零均值的高斯过程; 自相关函数为 $\gamma_{ww}(k) = E(w[n]w[n+k]) = \sigma^2\delta(k)$, 其中 $\delta(k)$ 是示性函数, 即

$$\delta(k) = \begin{cases} 1, & k = 0 \\ 0, & k \neq 0 \end{cases}$$

解　采用似然比检验, 如果似然比超过门限, 即

$$L(X)=\frac{P(X;H_1)}{P(X;H_0)}>\gamma$$

则拒绝 H_0, 可以接受 H_1, 其中 $X=(x[0],x[1],\cdots,x[N-1])^{\mathrm{T}}$.

由于

$$P(X;H_1)=\frac{1}{(2\pi\sigma^2)^{\frac{N}{2}}}\exp\left\{-\frac{1}{2\sigma^2}\sum_{n=0}^{N-1}(x[n]-s[n])^2\right\}$$

$$P(X;H_0)=\frac{1}{(2\pi\sigma^2)^{\frac{N}{2}}}\exp\left\{-\frac{1}{2\sigma^2}\sum_{n=0}^{N-1}x^2[n]\right\}$$

故有

$$L(X)=\exp\left\{-\frac{1}{2\sigma^2}\left(\sum_{n=0}^{N-1}(x[n]-s[n])^2-\sum_{n=0}^{N-1}x^2[n]\right)\right\}>\gamma$$

两边取对数, 有

$$l(X)=-\frac{1}{2\sigma^2}\left(\sum_{n=0}^{N-1}(x[n]-s[n])^2-\sum_{n=0}^{N-1}x^2[n]\right)>\ln\gamma$$

于是, 若 $\frac{1}{\sigma^2}\sum_{n=0}^{N-1}x[n]s[n]-\frac{1}{2\sigma^2}\sum_{n=0}^{N-1}s^2[n]>\ln\gamma$, 则拒绝 H_0, 接受 H_1.

由于 $s[n]$ 已知, 这样由上式可得到

$$T(X)=\sum_{n=0}^{N-1}x[n]s[n]>\frac{1}{2}\sum_{n=0}^{N-1}s^2[n]+\sigma^2\ln\gamma$$

将不等式的右边作为新的门限, 如果

$$T(X)=\sum_{n=0}^{N-1}x[n]s[n]>\gamma'$$

则接受 H_1.

注: 信号检测就是要能确定感兴趣信号在什么时候出现, 然后确定该信号的更多信息. 考虑二元移键控系统, 该系统是用来传输发射 “0” 或 “1” 的数源输出. 数据位是先受到调制, 然后被发射; 而接收机是先解调, 然后被检测. 调制器将 “0” 转化成波形 $S_0(t)=\cos 2\pi F_0 t$, 将 “1” 转换成波形 $S_1(t)=\cos(2\pi F_0 t+\pi)=-\cos 2\pi F_0 t$, 以允许调制的信号通过中心频率为 FH2 的带通信道 (如微波链路) 传输, 正弦信号的相位反映了发射的是 “0” 还是 “1”. 现代信号处理系统使用数字计算机对一个连

续的波形进行采样, 并存储采样值, 这样就等效成一个根据离散时间波形或数据集做出判决的问题. 从数学上讲, 有可用数据 $\{x[0],x[1],\cdots,x[N-1]\}$, 就可形成数据函数 $T\{x[0],x[1],\cdots,x[N-1]\}$, 可以根据它们来做出判决.

6.2.5 银行经理方案的有效性问题

例 6.5 某银行经理认为当前的储蓄机制有点片面强调顾客的存款数, 而对顾客存款缺乏一些激励措施. 为此, 在不太影响银行效益的前提下, 他设计了一些有吸引力的存款有奖措施以尽量减少顾客的取款数. 为了比较此方案的有效性, 考虑将存款数与存款期限相乘的指数, 随机地选择了该银行的 15 位储户, 得到他们在新方案实施前后的指数, 结果如表 6.8 所示. 试对 $\alpha=0.01$ 检验该经理的方案是否有效.

表 6.8 15 位储户的数据 (单位: 元)

储户	方案实施前 (①)	方案实施后 (②)	差 (②–①)
1	10020	10540	520
2	720	780	60
3	9105	9453	348
4	1062	1573	511
5	3905	3962	57
6	4401	4673	272
7	8100	8205	105
8	12011	12458	447
9	847	959	112
10	6583	7444	591
11	4602	4982	380
12	8452	8831	379
13	182	648	466
14	6740	6969	229
15	2738	2408	30

分析 对该检验问题, 采用成对数据的比较方法较好. 初看起来, 这是两总体均值的比较问题, 即将新方案实施前后的指数分别看作两个总体, 将 15 位储户在新方案实施前后的指数看作来自这两个总体的样本, 若进一步假设这两个总体服从正态分布, 便可利用 T 检验法检验两者的均值是否有显著差异. 但是, 由于每位储户的家庭经济状况、消费水平、理财策略等会有很大的差异, 从而储户的存款存在

较大差异, 这使得各储户之间的存款指数缺乏一致性, 因而看成来自同一总体的样本是不妥当的. 如果将同一储户在新方案实施前后的存款指数相减, 由于各储户在新方案实施前后的经济状况、消费水平、理财策略等方面不会有太大的变化, 则该差值不是由于各储户的家庭状况的差异而来, 而是反映了新方案的实施对存款指数的影响, 因而将这些差值看成来自某一总体的样本就比较合理了. 若进一步假定这些差值服从 $N(\mu,\sigma^2)$, 则 μ 的大小反映了新方案实施前后对存款指数的平均影响程度. 检验方案是否有效, 等价于检验假设

$$H_0:\mu\leqslant 0;H_1:\mu>0$$

该假设可由正态总体均值的 T 检验法来检验.

解　以 $x_{1i},x_{2i}(i=1,2,\cdots,15)$ 分别表示新方案实施前后各储户的存款指数, 令

$$y_i=x_{2i}-x_{1i},i=1,2,\cdots,15$$

则 $y_1,y_2,\cdots,y_{15}$ 可看作来自正态总体 $N(u,\sigma^2)$ 的一个容量为 15 的样本观测值. 由此可求得: $\bar{y}=\dfrac{1}{15}\sum\limits_{i=1}^{15}y_i\approx 300.47$, $S_n=\sqrt{\dfrac{1}{15-1}\sum\limits_{i=1}^{15}(y_i-\bar{y})}\approx 190.96$.

由正态总体均值的 T 检验统计量

$$T=\frac{\sqrt{n}(\bar{Y}-\mu_0)}{S_n}$$

及上述假设可得其拒绝域为 (注意此处 $\mu_0=0$)

$$T=\frac{\sqrt{n}(\bar{Y}-\mu_0)}{S_n}>t_\alpha(n-1)$$

即

$$\bar{Y}>\mu_0+\frac{S_n}{\sqrt{n}}\cdot t_\alpha(n-1)$$

注意到 $\alpha=0.01,n=15$, 查 t 分布表得 $t_{0.01}(14)=2.624$, 代入具体数据可求得

$$\mu_0+\frac{S_n}{\sqrt{n}}\cdot t_\alpha(n-1)=0+\frac{190.96}{\sqrt{15}}\times 2.624\approx 129.38$$

由于 $\bar{y}=300.47>129.38$, 故拒绝 H_0, 即所给数据结果显著地支持新方案.

6.2.6 失业人员的失业时间平均值

例 6.6 某市对失业状况进行一次调查研究, 选取 50 名失业居民组成一组样本, 记录他们的年龄以及失业时间 (以周为单位), 如第 5 章表 5.11 所示. 现进行假设检验, 取显著性水平为 0.01, 检验该市失业人员失业时间是否高于 14.6 周.

解 首先建立假设, 原假设为 $H_0: \mu \leqslant 14.6$; 则备择假设为 $H_1: \mu > 14.6$.

总体均值假设检验的检验统计量公式为

$$T = \frac{\overline{X} - \mu_0}{\dfrac{s}{\sqrt{n}}}$$

显著性水平为 0.01, 查 t 分布表得 $t_{0.01}(49) = 2.405$, 故拒绝域为 $t > 2.405$.

根据样本观察值, $\overline{x} = 15.54, s = 9.9297, n = 50$, 计算得检验统计量的观察值为

$$t = \frac{\overline{x} - \mu_0}{\dfrac{s}{\sqrt{n}}} = \frac{15.54 - 14.6}{\dfrac{9.9297}{\sqrt{50}}} \approx 0.6606 < 2.405$$

可见落在拒绝域外, 因此接受原假设, 不能认为该市失业人口失业时间高于 14.6 周.

注: 利用样本同时估计 σ 和 μ, 即对总体进行假设检验时, 可利用样本均值 $\overline{x}$ 估计 μ, 用样本标准差 s 估计 σ. 统计实践表明, 在样本容量大于等于 50 的情形下, 假设检验统计量服从自由度为 $n-1$ 的 t 分布进行假设检验.

当然, 这里也可用 Minitab 软件进行假设检验, 把有关参数输入软件后, 计算结果见表 6.10. 也可以算出 t=0.67, 而且精确给出 p 值为 0.253. 由于 p 值大于显著性水平 0.01, 即支持原假设的概率大于给定的显著性水平, 同样得出了不能拒绝原假设的结论. Minitab 还可以算出, 样本数据显示在 0.01 的显著性水平下原假设成立的假设均值下限是 12.16, 高于这个数值的假设均值都不会导致原假设被拒绝.

表 6.9 Minitab 计算结果

变量	N	平均值	标准差	下限	t	p
Weeks	50	15.54	9.93	12.16	0.67	0.253

第7章 回归分析

回归分析是一种应用极为广泛的数量分析方法, 用于分析事物之间的统计关系, 考察变量之间的数量变化规律, 并通过回归方程的形式描述和反映这种关系, 帮助人们准确把握变量受其他一个或多个变量影响的程度, 进而为预测提供科学依据. 本章首先回顾回归分析的基本理论, 然后通过具体应用案例来说明回归分析在实际中的应用.

7.1 回归分析理论简介

7.1.1 相关分析

定义 7.1 设 $(x_1, y_1), (x_2, y_2), \cdots, (x_n, y_n)$ 是来自总体 (X, Y) 的样本, 样本相关系数定义为

$$r = \frac{\sum_{i=1}^{n}(x_i - \bar{x})(y_i - \bar{y})}{\sqrt{\sum_{i=1}^{n}(x_i - \bar{x})^2 \sum_{i=1}^{n}(y_i - \bar{y})^2}} \tag{7.1}$$

r 的范围在 $-1 \sim 1$. 当 $r > 0$ 时, 表示变量 X 与 Y 之间存在正向线性相关关系; 当 $r < 0$ 时, 表示存在负向线性相关关系; 当 $r = 0$ 时, 则表示不相关. 当 $|r| \geqslant 0.8$ 时, 表示高度相关; 当 $0.5 \leqslant |r| < 0.8$ 时, 表示中度相关; 当 $0.3 \leqslant |r| < 0.5$ 时, 认为低度相关; 当 $|r| < 0.3$ 时, 则认为相关性极弱.

定理 7.1 检验两个随机变量 X 与 Y 是否相关时, 对其相关系数考虑假设检验问题 $H_0: \rho = 0; H_1: \rho \neq 0$, 在原假设下, 即认为不相关时, 构造的检验统计量为

$$T = r\sqrt{\frac{n-2}{1-r^2}} \sim t(n-2) \tag{7.2}$$

给定检验水平 α, 当 $|T| > t_{\frac{\alpha}{2}}(n-2)$ 时, 拒绝原假设, 认为相关关系存在.

7.1.2 一元线性回归模型

一元线性回归模型是指只有一个解释变量的线性回归模型, 用于揭示被解释变

量与另一个解释变量之间的线性关系, 数学模型为

$$y = a + bx + \varepsilon \tag{7.3}$$

其中, a, b 都是模型中的未知参数, 分别称为回归常数和回归系数; ε 称为随机误差, 一般需要满足 $E(\varepsilon) = 0$ 和 $\mathrm{Var}(\varepsilon) = \sigma^2$.

1. **模型估计**

采取最小二乘估计方法, 即寻找 a, b 的估计值 $\hat{a}, \hat{b}$, 使得 $Q(a,b) = \sum\limits_{i=1}^{n}(y_i - a - bx_i)^2$ 达到最小, 解得

$$\begin{cases} \hat{a} = \bar{y} - \hat{b}\bar{x} \\ \hat{b} = \dfrac{\sum\limits_{i=1}^{n}(x_i - \bar{x})(y_i - \bar{y})}{\sum\limits_{i=1}^{n}(x_i - \bar{x})^2} \end{cases} \tag{7.4}$$

2. **模型检验**

定义 7.2 在式 (7.3) 所示的一元线性回归模型中, 决定系数 R^2 用于判断模型的拟合程度, 其定义为

$$R^2 = \frac{\sum\limits_{i=1}^{n}(\hat{y}_i - \bar{y})^2}{\sum\limits_{i=1}^{n}(y_i - \bar{y})^2} \tag{7.5}$$

它反映了回归方程能解释的变差的比例. R^2 的取值在 0~1, R^2 越接近 1, 说明回归方程对样本数据点的拟合优度越高; 反之, R^2 越接近 0, 说明回归方程对样本数据点的拟合优度越低.

定理 7.2 在式 (7.3) 所示的一元线性回归模型中, 考虑假设检验问题 $H_0: b = 0$; $H_1: b \neq 0$, 在原假设下, 构造的检验统计量为

$$t = \frac{\hat{b}}{\hat{\sigma}\Big/\sqrt{\sum\limits_{i=1}^{n}(x_i - \bar{x})^2}} \sim t(n-2) \tag{7.6}$$

其中, $\hat{\sigma}^2 = \dfrac{1}{n-2}\sum\limits_{i=1}^{n}(y_i - \hat{y}_i)^2$. 当 $|t| \geqslant t_{\frac{\alpha}{2}}(n-2)$ 时, 则拒绝原假设 H_0, 认为线性回归方程是显著的.

7.1.3　多元线性回归模型

在实际问题中, 随机变量 y 往往与多个自变量 $x_1, x_2, \cdots, x_p(p>1)$ 有关, 可以建立如下的多元线性回归模型:

$$y = b_0 + b_1 x_1 + \cdots + b_p x_p + \varepsilon \tag{7.7}$$

1. 模型估计

参数 $b_0, b_1 \cdots, b_p$ 的最小二乘估计记为 $\hat{b}_0, \hat{b}_1, \cdots, \hat{b}_p$, 即使得下式达到最小:

$$Q(b_0, b_1 \cdots, b_p) = \sum_{i=1}^{n} (y_i - b_0 - b_1 x_{i1} - \cdots - b_p x_{ip})^2$$

经过计算, 容易得到参数的估计向量为

$$\hat{B} = (X^{\mathrm{T}} X)^{-1} X^{\mathrm{T}} Y \tag{7.8}$$

其中,

$$X = \begin{pmatrix} 1 & x_{11} & x_{12} & \cdots & x_{1p} \\ 1 & x_{21} & x_{22} & \cdots & x_{2p} \\ \vdots & \vdots & \vdots & & \vdots \\ 1 & x_{n1} & x_{n2} & \cdots & x_{np} \end{pmatrix}, \quad Y = \begin{pmatrix} y_1 \\ y_2 \\ \vdots \\ y_n \end{pmatrix}, \quad \hat{B} = \begin{pmatrix} \hat{b}_0 \\ \hat{b}_1 \\ \vdots \\ \hat{b}_p \end{pmatrix}$$

2. 模型检验

定义 7.3　在式 (7.7) 所示的多元线性回归模型中, 可以用多重判定系数 R^2 来评价其拟合程度. 其定义为

$$R^2 = \frac{\mathrm{SSR}}{\mathrm{SST}} = 1 - \frac{\mathrm{SSE}}{\mathrm{SST}} \tag{7.9}$$

其中, $\mathrm{SST} = \sum\limits_{i=1}^{n} (y_i - \bar{y})^2$ 为总平方和; $\mathrm{SSR} = \sum\limits_{i=1}^{n} (\hat{y}_i - \bar{y})^2$ 为回归平方和; $\mathrm{SSE} = \sum\limits_{i=1}^{n} (y_i - \hat{y}_i)^2$ 为残差平方和; 且满足 $\mathrm{SST} = \mathrm{SSR} + \mathrm{SSE}$. R^2 越接近于 1, 表明回归平方和占总平方和的比例越大, 回归直线与各观测点越接近, 回归直线拟合程度就越好; 反之, R^2 越接近 0, 回归直线的拟合程度越差.

定理 7.3　在式 (7.7) 所示的多元线性回归模型中, 考虑假设检验问题 $H_0: b_1 = b_2 = \cdots = b_p = 0; H_1: b_1, b_2, \cdots b_p$ 至少有一个不为 0. 在原假设下, 构造的检

验统计量为

$$F = \frac{\frac{\mathrm{SSR}}{\mathrm{p}}}{\frac{\mathrm{SSE}}{(\mathrm{n}-\mathrm{p}-1)}} \sim F(p, n-p-1) \tag{7.10}$$

在实际计算中, 若 $F > F_\alpha(p, n-p-1)$ 或检验的 $p < \alpha$, 则拒绝原假设, 认为回归方程显著.

定理 7.4 在式 (7.7) 所示的多元线性回归模型中, 对每个参数 $b_i(i = 1, \cdots, p)$, 提出假设检验问题 $H_0 : b_i = 0; H_1 : b_i \neq 0$. 在原假设下, 构造的检验统计量为

$$t_i = \frac{\hat{b}_i}{s(\hat{b}_i)} \sim t(n-p-1) \tag{7.11}$$

其中, $s(\hat{b}_i)$ 为参数估计 $\hat{b}_i$ 的标准差. 若 $|t_i| > t_{\frac{\alpha}{2}}(n-p-1)$ 或检验的 $p < \alpha$, 则拒绝原假设, 认为该回归系数显著.

7.2 应用案例分析

7.2.1 航班业载与耗油量关系

例 7.1 选取航空公司使用的典型机型波音 B737-800W, 随机改变业载, 用 LIDO 飞行计划制作系统计算得到某航段业载与耗油量关系如表 7.1 所示. 利用一元线性回归模型, 可以研究航班业载与耗油量的关系. 在实际工作中, 签派员如何做出决策?

表 7.1 波音 B737-800W 业载与耗油量表

编号	1	2	3	4	5	6	7	8	9
业载/kg	5000	6200	6900	8300	9500	10000	11320	13250	14760
耗油量/kg	9985	10089	10147	10266	10371	10416	10534	10709	10847

解 (1) 绘制散点图.

根据表 7.1 中的数据, 绘制业载与耗油量散点图, 如图 7.1 所示.

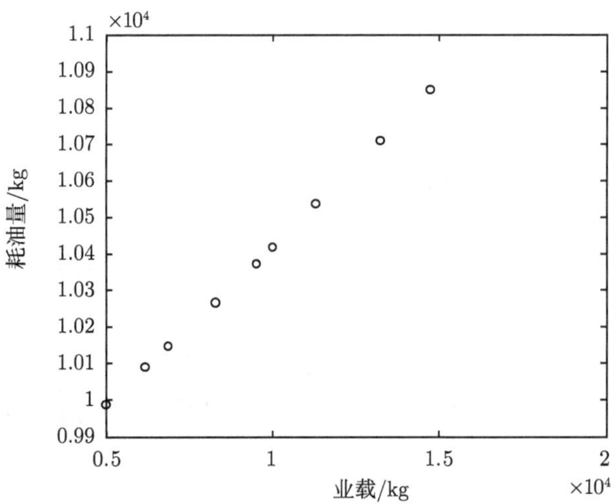

图 7.1　波音 B737-800W 业载与耗油量散点图

从散点图中, 可以大致看出业载与耗油量之间呈现线性关系, 且随着业载量的增大, 油量随之增大.

(2) 建立回归方程.

将表 7.1 的数据代入一元线性回归模型, 可以计算得到一元线性回归模型中参数 a, b 的估计值分别为 $\hat{a} = 9538.155, \hat{b} = 0.088$. 因此, 航班油量与业载的一元线性回归方程为

$$y = 9538.155 + 0.088x$$

这就意味着业载每增加 1000kg, 会导致航班耗油量增加 88kg.

(3) 模型的显著性检验.

对回归系数 b 是否为零进行检验, 计算得到统计量 $t = 164.6, p = 8.05 \times 10^{-14}$, 检验是高度显著的, 说明建立的一元线性回归模型是合理的, 业载与油量之间线性相关.

另外, 从上面的分析中可以看出, 航班业载与耗油量之间存在非常密切的线性关系, 因此航班业载的改变导致耗油量变化的多少取决于线性回归方程的斜率. 在实际签派放行中, 签派员可以根据线性回归模型的斜率, 判断业载改变导致耗油量变化的具体数值. 及时根据具体数值做出决策, 对解决签派员在实际工作中面临的棘手问题具有非常大的参考意义.

7.2.2 期刊订购与预测

例 7.2 为了了解某图书馆期刊流通量与订购量之间的关系, 对某类期刊的流通量与订购量进行统计 (此处流通量为上一年订购期刊的流通量), 得到如表 7.2 所示的数据. 分析判断流通量与订购量之间是否存在相关关系, 相关程度如何, 并检验其相关系数, 拟合适当回归方程, 以便用上一年期刊的流通量来预测下一年期刊的订购量.

表 7.2 某类期刊流通量与订购量统计

年份/年	2011	2012	2013	2014	2015	2016	2017	2018
流通量/册	34	20	25	25	24	22	42	34
订购量/册	35	31	32	32	31	29	38	40

解 (1) 绘制散点图并计算相关系数.

首先绘制散点图, 如图 7.2 所示大致判断期刊年流通量 X 与订购量 Y 之间是否存在着相关关系.

从图 7.2 可以看出期刊流通量与订购量呈现正相关关系, 但其相关程度就需要计算样本相关系数来确定.

经过计算, 可知

$$r=\frac{\sum_{i=1}^{n}(x_i-\bar{x})(y_i-\bar{y})}{\sqrt{\sum_{i=1}^{n}(x_i-\bar{x})^2\sum_{i=1}^{n}(y_i-\bar{y})^2}}\approx 0.8746$$

从计算结果可看出, 流通量与订购量之间存在正相关关系, 且相关程度较高. 还可以对相关系数进行显著性检验, 以验证流通量与订购量之间正向相关关系.

考虑检验问题: $H_0:\rho=0;H_1:\rho\neq 0$, 检验统计量

$$T=r\sqrt{\frac{n-2}{1-r^2}}\approx 4.4183$$

当显著性水平 $\alpha=0.05$ 时, 查 t 分布的临界值表得到 $t_{0.025}(6)=2.4469$, 由于 t 值大于临界值, 故拒绝原假设, 不能否认两变量存在线性相关关系.

通过绘制散点图, 对相关系数进行计算并通过统计检验, 说明期刊流通量与订购量之间确实存在线性相关关系, 可以建立一元线性回归方程.

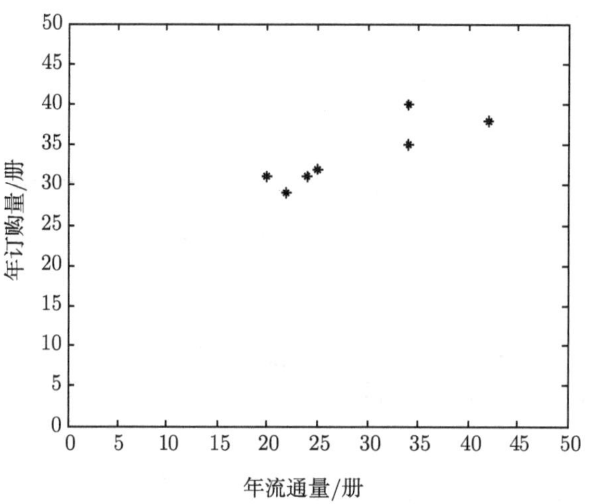

图 7.2　期刊的年流通量与年订购量散点图

(2) 建立回归方程.

将表 7.2 中期刊的流通量与订购量的数据代入式 (7.3) 所示一元线性回归模型, 根据最小二乘估计方法, 可以计算模型中参数 a,b 的估计值分别为 $\hat{a}=21.04,\hat{b}=0.4408$, 因此拟合回归方程为

$$y=21.04+0.4408x$$

(3) 模型检验.

对模型拟合优度进行检验, 计算得到 $R^2=0.765$, 说明整个模型的拟合比较好. 对回归系数 b 是否为零进行检验, 计算得到 t 统计量的值为 $t=4.4183$, 此 t 值恰为相关系数检验中 t 的统计量. 更进一步, 还可以进行回归方程的 F 检验, 经过计算得到 $F=19.52$, 而 $F_{0.05}(1,6)=5.99$, F 值明显大于临界值, 说明建立的回归方程是有效的.

(4) 模型预测.

回归分析的一个重要任务是利用通过检验后已经确定的回归方程, 由给定的自变量 X 的值去估计因变量 Y 的值. 作为期刊采访人员, 首先应了解期刊流通量与期刊订购量之间有着显著联系, 然后利用已确定的一元线性回归方程, 估计当流通量为 30 册时, 其订购量应达到的水平. 由

$$\hat{y}=21.04+0.4408\times 30=34.264$$

可知当流通量为 30 册时, 订购量约为 34 种. 更进一步, 还可以对 Y 的平均值进行

区间估计.

注：利用合理的数学模型进行期刊订购预测是一个难度大却实用价值很高的课题, 本案例仅仅研究了期刊流通量与订购量之间的关系. 更进一步, 还应该在模型中考虑学科专业需求、学术影响力、影响因子、流通率和期刊定价等影响因素, 运用多元线性回归模型研究期刊订购量, 更合理地预测期刊订购中各类期刊订购比例, 使有限资金发挥更大的效益.

7.2.3 服装销售额的预测

例 7.3 某家小型服装经营店的销售额可能与员工薪酬、宣传费用和流动资金等因素有关. 表 7.3 为该店某年各月的员工薪酬、宣传费用、周转资金及销售额方面的投资经营情况. 试根据线性回归模型找出销售额与这三方面之间的关系, 并且预测在未来一月份, 当员工薪酬为 3000 元、宣传费用为 4000 元及周转资金为 15000 元时, 根据建立的回归预测分析模型来确定未来一个月份的销售额情况.

表 7.3 某服装经营户的销售额 (单位：元)

月份	员工薪酬	宣传费用	周转资金	销售额
1	3200	3900	12900	50000
2	3500	4100	15000	55000
3	2800	3800	12000	48000
4	3000	4000	11500	49500
5	3600	4500	15600	55000
6	3500	4500	14000	55000
7	2900	3600	10000	48900
8	2900	3560	16000	49000
9	3700	4350	19000	56000
10	3600	4100	15000	55000
11	3350	3900	14000	53000
12	3750	4600	25000	60000

解 (1) 建立多元线性回归模型并进行估计与检验.

选择员工薪酬、宣传费用和周转资金作为影响销售额的因素, 建立多元线性回归模型. 分别记员工薪酬、宣传费用和周转资金为自变量 x_1, x_2, x_3, 销售额为因变量 y, 计算得到回归系数的估计值分别为 $\hat{b}_0 = 3249, \hat{b}_1 = 1.569$, $\hat{b}_2 = 1.458$, $\hat{b}_3 = 0.00904$.

对模型拟合优度进行检验, 计算得到 $R^2 = 0.9653$, 说明模型拟合的整体效果较好. 对整个回归方程进行显著性检验, 经过计算, 得到统计量 $F = 70.32$, $p = 4.32 \times 10^{-6}$, 说明被解释变量对解释变量的整体线性关系显著. 再对各个回归系数是否为 0 进行显著性检验, 可以得到 $t_0 = 5.96$, $t_1 = 4.49$, $t_2 = 1.058$, $t_3 = 2.810$, 与 $t_{\frac{\alpha}{2}}(n-p-1) = t_{0.025}(12-3-1) = 2.306$ 比较, 从结果可以看出, t_2 检验不显著, 说明宣传费用对销售额影响不大, 可以从模型中剔除.

重新选择员工薪酬和周转资金作为影响销售额的因素, 构建多元线性回归模型, 得到回归系数的估计值分别为 $\hat{b}_0 = 21390, \hat{b}_1 = 8.292, \hat{b}_3 = 0.2652$.

对模型拟合优度进行计算, 得到 $R^2 = 0.9584$, 说明模型拟合的整体效果较好. 对整个回归方程进行显著性检验, 经过计算, 得到统计量 $F = 103.6$, 检验的 $p = 6.14 \times 10^{-7}$, 说明被解释变量对解释变量的整体线性关系显著. 再对每个回归系数进行是否为 0 的显著性检验, 可以得到 $t_0 = 7.971$, $t_1 = 7.991$, $t_3 = 2.932$, 与 $t_{\frac{\alpha}{2}}(n-p-1) = t_{0.025}(12-2-1) = 2.262$ 比较, 可以看出, 所有自变量都通过了显著性检验, 说明建立的回归模型是合理的.

(2) 预测.

根据建立的回归模型 $y = 21390 + 8.292x_1 + 0.2652x_3$ 预测一月份的销售额. 当员工薪酬为 3000 元、宣传费用为 4000 元及周转资金为 15000 元时, 代入回归方程, 可以得到未来一月份的销售额为 $21390 + 8.292 \times 3000 + 0.2652 \times 15000 = 50244$(元).

7.2.4 空腹血糖影响因素分析

例 7.4 糖尿病是一种慢性疾病, 通过分析空腹血糖变化的影响因素可以加深对空腹血糖与糖尿病之间关系的了解. 临床采集 27 名糖尿病患者的各项指标数据, 如表 7.4 所示, 其中包括血清总胆固醇、甘油三酯、空腹胰岛素、糖化血红蛋白等数据. 根据表 7.4 中的数据建立合适的线性回归模型, 分析影响空腹血糖的主要因素.

表 7.4 27 名糖尿病患者的指标

序号	血清总胆固醇/(mmol/L)	甘油三酯/(mmol/L)	空腹胰岛素/(ulu/L)	糖化血红蛋白/%	空腹血糖/(mmol/L)
1	5.68	1.9	4.53	8.2	11.2
2	3.79	1.64	7.32	6.9	8.8
3	6.02	3.56	6.95	10.8	12.3
4	4.85	1.07	5.88	8.3	11.6
5	4.6	2.32	4.05	7.5	13.4
6	6.05	0.64	1.42	13.6	18.3

续表

序号	血清总胆固醇/(mmol/L)	甘油三酯/(mmol/L)	空腹胰岛素/(ulu/L)	糖化血红蛋白/%	空腹血糖/(mmol/L)
7	4.9	8.5	12.6	8.5	11.1
8	7.08	3	6.75	11.5	12.1
9	3.85	2.11	16.28	7.9	9.6
10	4.65	0.63	6.59	7.1	8.4
11	4.59	1.97	3.61	8.7	9.3
12	4.29	1.97	6.61	7.8	10.6
13	7.97	1.93	7.57	9.9	8.4
14	6.19	1.18	1.42	6.9	9.6
15	6.13	2.06	10.35	10.5	10.9
16	5.71	1.78	8.53	8	10.1
17	6.4	2.4	4.53	10.3	14.8
18	6.06	3.67	12.79	7.1	9.1
19	5.09	1.03	2.53	8.9	10.8
20	6.13	1.71	5.28	9.9	10.2
21	5.78	3.36	2.96	8	13.6
22	5.43	1.13	4.31	11.3	14.9
23	6.5	6.21	3.47	12.3	16
24	7.98	7.92	3.37	9.8	13.2
25	11.54	10.89	1.2	10.5	20
26	5.84	0.92	8.61	6.4	13.3
27	3.84	1.2	6.45	9.6	10.4

解 分别记血清总胆固醇、甘油三酯、空腹胰岛素及糖化血红蛋白为自变量 x_1, x_2, x_3, x_4, 空腹血糖为因变量 y, 建立多元线性回归模型, 回归系数的最小二乘法估计结果如表 7.5 所示.

表 7.5 回归系数的最小二乘法估计结果

系数	系数估计值	标准误差	t 值	p 值
常数	5.9433	2.8286	2.101	0.0473
x_1	0.1424	0.3657	0.390	0.7006
x_2	0.3515	0.2042	1.721	0.0993
x_3	−0.2706	0.1214	−2.229	0.0363
x_4	0.6382	0.2433	2.623	0.0155

从表 7.5 中可得到模型中各自变量的回归系数估计值、标准误差、t 检验值及

p 值信息, 可以看出, 不是所有的变量都通过了显著性检验. 因此, 如果选择所有的自变量来建立回归模型, 效果将不理想.

接着运用逐步回归的方法, 剔除无显著性变量, 求得最优回归模型, 可以避免模型的多重共线性. 逐步回归分析结果如表 7.6 所示.

表 7.6　逐步回归分析结果

系数	系数估计值	标准误差	t 值	p 值
常数	6.4996	2.3962	2.713	0.01242
x_2	0.4023	0.1541	2.612	0.01559
x_3	−0.2870	0.1117	−2.570	0.01712
x_4	0.6632	0.2303	2.880	0.00845

从表 7.6 中可以得到模型各自变量的回归系数估计值、标准误差、t 检验值及 p 值信息, 可以看出, 回归系数的显著性水平得到提高, 各个自变量对因变量的影响显著, 效果理想. 因此, 得到最优的回归模型为

$$y = 6.4996 + 0.4032x_2 - 0.2870x_3 + 0.6632x_4$$

此时, 模型整体通过 F 检验, 且 $F = 11.41$, 检验的 p 值为 0.00008793. 通过最优回归模型可知, 空腹血糖与甘油三酯、空腹胰岛素、糖化血红蛋白这三个指标密切相关. 其中, 甘油三酯、糖化血红蛋白与空腹血糖呈正相关; 空腹胰岛素与空腹血糖呈负相关.

7.2.5　空气质量指数分析

例 7.5　选取 2017 年 2 月 24 日 ~3 月 15 日某市某检测点的空气质量指数数据 (表 7.7) 进行实证分析. 记空气质量指数 (air quality index, AQI) 为响应变量 y, 影响空气质量指数的六个因素分别取为 SO_2、NO_2、PM_{10}、$PM_{2.5}$、O_3、CO, 并分别记为 $x_1, x_2, x_3, x_4, x_5, x_6$. 根据相关数据建立合适的线性回归模型, 分析影响空气质量指数的主要因素.

表 7.7　空气质量指数及影响因素部分数据

序号	日期	AQI	SO_2/(μg/m^3)	NO_2/(μg/m^3)	PM_{10}/(μg/m^3)	$PM_{2.5}$/(μg/m^3)	O_3/(μg/m^3)	CO/(μg/m^3)
1	2017/2/24	106	25	106	89	82	30	38
2	2017/2/25	113	24	103	101	113	41	38
3	2017/2/26	130	24	106	100	130	37	40
4	2017/2/27	201	37	126	142	201	14	63

续表

序号	日期	AQI	SO_2/ (μg/m^3)	NO_2/ (μg/m^3)	PM_{10}/ (μg/m^3)	$PM_{2.5}$/ (μg/m^3)	O_3/ (μg/m^3)	CO/ (μg/m^3)
5	2017/2/28	160	27	105	116	160	35	50
6	2017/3/1	60	13	53	60	38	55	20
7	2017/3/2	99	24	99	74	62	31	33
8	2017/3/3	103	23	103	86	85	46	40
9	2017/3/4	132	37	113	123	132	33	48
10	2017/3/5	142	30	107	115	142	38	45
11	2017/3/6	89	19	89	55	45	35	33
12	2017/3/7	108	31	108	89	95	29	45
13	2017/3/8	101	25	101	75	68	28	38
14	2017/3/9	104	37	100	94	104	39	33
15	2017/3/10	139	53	108	111	139	24	40
16	2017/3/11	163	39	82	119	163	38	33
17	2017/3/12	88	12	57	67	88	26	30
18	2017/3/13	67	11	67	39	55	21	28
19	2017/3/14	92	14	62	60	92	32	28
20	2017/3/15	89	12	57	61	89	31	28

解 首先选取影响空气质量指数的六个因素 SO_2、NO_2、PM_{10}、$PM_{2.5}$、O_3、CO 为自变量, 空气质量指数 AQI 为因变量, 建立多元线性进行回归模型.

经过计算得到决定系数 $R^2 = 0.9243$, 从决定系数来看, 回归方程对样本数据点的拟合程度较高. 对回归方程的显著性进行检验, 计算得到 $F = 103.7$, 对应的 p 值接近 0, 表明回归方程显著度较高, 说明从整体上看, 自变量对因变量有高度的线性影响. 接着, 需要对各个回归系数是否为零进行进一步检验, 以说明各个影响因素是否对因变量产生影响. 通过计算可以得到各个 t 检验值分别为 $t_1 = -0.911, t_2 = 0.130, t_3 = 12.817, t_4 = -0.231, t_5 = 0.058$, $t_6 = 6.616$, 检验的 p 值分别为 0.367, 0.897, 0, 0.818, 0.954, 0. 从结果可以看出, 只有自变量 $x_3(\mathrm{PM}_{10})$、$x_6(\mathrm{CO})$ 显著.

然后, 采取逐步回归的方法, 选取 x_3 和 x_6 两个自变量进行回归分析. 此时, 决定系数 $R^2 = 0.9223$, 对回归方程的显著性检验的 F 统计量的值为 $F = 326.5$, 检验的 p 值接近 0, 且两个回归系数都通过了显著性检验. 最终建立的估计方程为

$$y = 7.76447 + 0.70013x_3 + 0.41146x_6$$

该回归方程表明, PM_{10} 和 CO 与空气质量指数存在正向线性关系.

注: 在前面构建的多元线性回归模型中, 只有两个影响因素 x_3 和 x_6 通过了检验, 考虑到多元线性回归有可能丢失了部分有用信息, 因此可以考虑利用半参数回归模型中的部分线性回归模型进行分析和预测.

7.2.6　消费与收入分析

例 7.6　采集 2000~2017 年某地区的有关收入与支出数据, 如表 7.8 所示. 选取城镇居民人均消费性支出为解释变量, 这是衡量居民消费支出的重要指标. 分别选取城镇居民人均可支配收入、人均储蓄存款余额、人均生产总值、消费价格指数、社会保障五个影响因素并分别记为 x_1, x_2, x_3, x_4, x_5, 试分析影响消费的主要影响因素.

表 7.8　收入与支出数据

年份	人均消费性支出/元	人均可支配收入/元	人均储蓄存款余额/元	人均生产总值/元	消费价格指数	社会保障/万元
2000	2838	3310	2089	2965	118	828
2001	3211	3810	2659	3446	110.3	1819
2002	3462	4001	3054	3834	105.2	2205
2003	3539	4220	3453	4070	97.7	4356
2004	3953	4654	3792	4415	97.2	3693
2005	4277	5124	4178	4968	100.3	5718
2006	4638	5484	4841	5511	100.1	4981
2007	5378	6331	5756	6161	98.2	2068
2008	5667	6806	6863	7057	100.8	5634
2009	6233	7492	8010	8638	103	3610
2010	6656	8272	9577	10674	100.9	11245
2011	7553	9268	10997	12840	102.1	5364
2012	8427	10763	11538	15546	105.2	26931
2013	9772	12858	14778	19700	106.2	95371
2014	10706	14169	18094	21947	100	179814
2015	11822	15695	21306	27133	103.7	221732
2016	13783	18245	24507	33464	105.7	238842
2017	15333	29734	28697	38564	102.6	196384

解　首先考虑所有影响因素, 建立包含全部自变量的初始拟合方程为

$$y = 576.6 + 0.7849x_1 + 0.06645x_2 - 0.0726x_3 - 1.985x_4 - 0.001431x_5$$

此时, 回归方程的拟合优度 $R^2 = 0.9994$, 说明模型的整体拟合效果较好, 解释能力较强. 在回归方程的显著性检验中, p 值远远小于显著性水平 0.05, 被解释变量 y 对解释变量的整体线性关系显著. 但是, 在对各个回归系数是否为零的假设检验中, 只有变量 x_1 的回归系数通过了检验, 显然不合适.

接着采用逐步回归的方法, 重新选择自变量, 可得出最终拟合方程为

$$y = 284.90325 + 0.85886x_1 - 0.07034x_3$$

此时, 回归方程的拟合优度 $R^2 = 0.9992$, 说明方程高度显著; $F = 8439$, $p = 2.2 \times 10^{-16}$, 说明 x_1、x_3 整体上对 y 有高度显著的线性影响; 在显著性水平 0.05 下, 两个回归系数也都通过了 t 检验, 说明建立的回归方程是合理的.

注：以上建立的多元线性回归模型只选取了城镇居民人均可支配收入和人均生产总值作为影响城镇居民人均消费性支出的因素, 而实际情况可能更为复杂, 需要选取更多的影响因素, 且自变量影响因素与因变量之间的关系未必是严格的线性关系, 也可能是非线性的. 这些都有待进一步研究.

7.2.7 电影票房预测研究

例 7.7 选取 281 部国产电影为样本. 因变量选为电影票房, 自变量的选取从产品因素、发行因素和消费者因素三个方面充分考虑, 共选取了 20 个具体因素指标. 其中, 产品因素包括：电影类型、技术效果、主创阵容、故事内容; 发行因素包括：上映的档期、发行公司、首周排片占比、预告片播放量; 消费者因素包括：电影评分、关注人数. 试通过建立线性回归模型, 分析影响电影票房的主要因素.

解 (1) 数据的预处理.

从产品、发行和消费者三方面的因素研究其对电影票房的影响, 首先对数据进行预处理, 如表 7.9 所示.

(2) 建立模型.

在建立回归模型前, 采用的变量类型为哑变量和数值变量. 由于变量之间存在量纲的影响, 因此在进行回归分析之前, 首先要对所有变量进行标准化处理, 使各变量的均值为 0, 标准差为 1.

表 7.9　数据的处理及描述

因素	变量	符号	处理	最小值	最大值	均值
产品	剧情	X_1	如果为剧情片, 其值为 1, 否则为 0	0	1	0.413
	动作	X_2	如果为动作片, 其值为 1, 否则为 0	0	1	0.214
	爱情	X_3	如果为爱情片, 其值为 1, 否则为 0	0	1	0.324
	喜剧	X_4	如果为喜剧片, 其值为 1, 否则为 0	0	1	0.310
	奇幻	X_5	如果为奇幻片, 其值为 1, 否则为 0	0	1	0.089
	惊悚	X_6	如果为惊悚片, 其值为 1, 否则为 0	0	1	0.185
	3D	X_7	如果为 3D 制作, 其值为 1, 否则为 0	0	1	0.110
	IMAX	X_8	如果为 IMAX 制作, 其值为 1, 否则为 0	0	1	0.103
	导演影响力	X_9	导演获奖和提名次数之和划分等级	1	5	2.199
	演员影响力	X_{10}	电影前五名演员的票房号召力之和	0	44	11.930
	改编	X_{11}	如果为改编, 其值为 1, 否则为 0	0	1	0.075
	续集	X_{12}	如果为续集, 其值为 1, 否则为 0	0	1	0.292
发行	贺岁档	X_{13}	如果为贺岁档, 其值为 1, 否则为 0	0	1	0.288
	暑期档	X_{14}	如果为暑期档, 其值为 1, 否则为 0	0	1	0.267
	其他假期档	X_{15}	若为其他假期档, 其值为 1, 否则为 0	0	1	0.007
	发行公司	X_{16}	如果为知名发行公司之一, 其值为 1, 否则为 0	0	1	0.562
	首周排片率	X_{17}	首周电影排片率的平均值/%	1	45.51	8.548
	预告片播放量	X_{18}	预告片点击次数之和/万次	0	119.5	8.059
消费者	电影评分	X_{19}	电影的评分	0	8.5	4.623
	关注人数	X_{20}	关注人数之和/万人	0	81.7	6.400

首先全部考虑 20 个影响因素, 建立多元线性回归模型, 回归方程为

$$\begin{aligned}Y =& -0.020X_1 + 0.105X_2 - 0.005X_3 + 0.071X_4 - 0.027X_5 + 0.001X_6\\&- 0.001X_7 - 0.088X_8 + 0.132X_9 + 0.124X_{10} + 0.134X_{11} + 0.007X_{12}\\&+ 0.034X_{13} + 0.002X_{14} + 0.010X_{15} + 0.083X_{16} + 0.690X_{17} - 0.006X_{18}\\&+ 0.127X_{19} + 0.055X_{20}\end{aligned}$$

利用统计分析软件, 可以得到可决系数 $R^2 = 0.8546$, 说明模拟拟合程度较高. 在 95%的显著性水平下, 整个回归方程通过了 F 检验, 说明 Y 对自变量 $X_1, X_2, \cdots, X_{20}$ 总体的线性回归效果是显著的, 但涉及单个的自变量的显著性分析, 做 t 检验时发现只有变量 $X_2, X_4, X_9, X_{10}, X_{16}, X_{17}, X_{19}$ 通过了 t 检验. 由此可见, 回归模型解释程度一般, 拟合程度不是很理想. 因此, 将采用逐步回归的方法

重新筛选合适的自变量进入模型, 并对模型进行重新拟合. 利用逐步回归法筛选自变量后对多元线性回归模型重新进行拟合, 最终进入多元线性回归模型的自变量为 $X_2, X_4, X_8, X_{10}, X_{16}, X_{17}, X_{19}, X_{20}$, 重新建立多元回归方程如下:

$$
\begin{aligned}
Y = & 0.109X_2 + 0.078X_4 - 0.099X_8 + 0.126X_{10} + 0.078X_{16} \\
& + 0.693X_{17} + 0.126X_{19} + 0.058X_{20}
\end{aligned}
$$

最终模型调整后的 $R^2 = 0.8584$, 说明该模型可以解释电影票房 85.84%的变动情况. 在 95%的显著性水平下, 模型整体通过了 F 检验, 模型中的各个自变量也都通过了 t 检验. 说明动作、喜剧、IMAX 制作、演员影响力、发行公司、首周平均排片率、电影评分和关注人数这八个因素对电影票房的影响是显著的.

更进一步, 对逐步回归后的模型进行共线性诊断, 结果如表 7.10 所示. 由表 7.10 可知, 在对初步建立的综合模型进行逐步回归后, 最终进入模型的自变量方差膨胀因子 (VIF) 的值均小于 10, 说明逐步回归后的模型不存在多重共线性, 每个自变量都具有代表性.

表 7.10 共线性诊断

变量	X_2	X_4	X_8	X_{10}	X_{16}	X_{17}	X_{19}	X_{20}
VIF	1.380	1.130	1.755	1.989	1.496	4.363	1.204	2.638

注: 本案例所建立的多元线性回归模型能够在一定程度上预估电影票房收入, 能够为影院排片给予一定的参考. 在实际中, 若能够获取更多的票房数据和更有效的特征, 模型会有更好的表现效果.

7.2.8 经济发展影响因素分析

例 7.8 为了分析影响某省经济发展的因素, 将产业作为该省经济发展影响因素的切入点, 分别选取 "第一产业生产总值 (x_1)"、"第二产业生产总值 (x_2)"、"第三产业生产总值 (x_3)" 和 "财政支出在 GDP 的占比 (x_4)" 四个解释变量, 以 "人均 GDP(y)" 为被解释变量. 采集 10 年该省经济发展各项指标, 第一、二、三产业生产总值分别反映农业、工业生产和服务业对该省经济增长的影响, 财政支出在 GDP 的占比反映政府调控对省域经济发展的作用, 具体数据见表 7.11. 试运用多元线性回归方法, 分析影响该省经济发展的主要因素.

解 采用最小二乘方法进行回归分析, 进行回归分析后发现, "财政支出在 GDP 的占比 (x_4)" 解释变量不显著. 但从实际意义上考虑, 当年的财政支出不能直接在当年人均 GDP 中体现出来, 存在一定滞后性. 因此, 在构建模型中将 "财政支出在 GDP 的占比 (x_4)" 滞后一阶体现. 另外, "第二产业生产总值 (x_2)" 解释变量也不显著, 因此在建模是不引入此解释变量.

表 7.11　某省经济发展指标

年份	第一产业生产总值/亿元	第二产业生产总值/亿元	第三产业生产总值/亿元	财政支出在 GDP 的占比/%	人均 GDP/元
2007	837.35	2038.39	1896.78	23.79	10609
2008	1020.56	2452.75	2218.81	25.83	12570
2009	1067.60	2582.53	2519.62	31.64	13539
2010	1108.38	3223.49	2892.31	31.64	15752
2011	1411.01	3780.32	3701.79	32.94	19265
2012	1654.55	4419.20	4235.72	34.65	22195
2013	1860.80	4939.21	5032.30	34.62	25322
2014	1991.17	5281.82	5541.60	34.63	27264
2015	2055.78	5416.12	6147.27	34.60	28806
2016	2195.11	5649.34	6875.50	34.11	30949

将第二产业的生产总值 (x_2) 剔除, 将 "财政支出在 GDP 的占比 (x_4)" 滞后一阶, 重新进行回归分析, 得到如表 7.12 所示的回归结果.

表 7.12　逐步回归分析结果

系数	系数估计值	标准误差	t 值	p 值
常数	−3112.316	421.196	−7.389	0.00071
x_1	7.1913	0.5612	12.814	0.00005
x_3	1.7425	0.1509	11.544	0.00008
x_4	183.3282	17.6366	10.395	0.00014

因此, 模型的估计结果为

$$y = -3112.316 + 7.1913x_1 + 1.7425x_3 + 183.3282x_4$$

对该回归方程进行以下方面分析.

(1) 拟合优度检验: 经过计算, 可以得到可决系数 $R^2 = 0.9998$, 说明模型对数据的拟合程度比较好, 第一产业生产总值、第三产业生产总值、财政支出在 GDP 的占比对该省人均 GDP 增长的 99.98% 作出了解释.

(2) 回归方程的显著性检验: 从回归结果可以看出, 在给定显著水平为 0.05 的情况下, 因为 $F(3,6) = 4.76$, 此模型的 F 值为 11211.35, 所以可以拒绝原假设, 认为回归方程显著, 即第一产业生产总值、第三产业生产总值、财政支出在 GDP 的占比等变量联合起来确实对该省人均 GDP 有显著影响.

(3) 回归系数的显著性检验: 从表 7.12 中可以看出, 各个回归系数均通过了显著性检验, 由此可以说明各解释变量对该省人均 GDP 的影响都很显著. 人均 GDP 与第一产业生产总值、第三产业生产总值、财政支出在 GDP 的占比同方向变动. 假定其他变量不变, 当第一产业生产总值每增长 1%, 人均 GDP 平均增长 7.1913%; 假定其他变量不变, 当第三产业生产总值每增长 1%, 人均 GDP 平均增长 1.7425%; 假定其他变量不变, 当年的财政支出在 GDP 的占比每增长 1%, 下一年的人均 GDP 平均增长 183.3282%, 与理论分析一致.

7.2.9 机场旅客吞吐量预测

例 7.9 机场旅客吞吐量是民用机场的主要生产指标, 往往受到很多因素的影响, 包括经济因素、人口因素等. 分析机场旅客吞吐量的影响因素是做好预测工作的基础.

收集某机场在过去 11 年间的年旅客吞吐量以及该机场所在地区的年末总人数、GDP、第三产业占比、从业人数、铁路客运量、公路客运量、入境旅游人数、第三产业生产总值、社会消费品零售总额数据, 如表 7.13 所示. 运用多元线性回归模型, 找出对年旅客吞吐量影响显著的因素, 并对该机场的年旅客吞吐量做出合理预测.

解 (1) 模型初估计.

采用最小二乘方法进行回归分析, 可以得出如下结果:

$$
\begin{aligned}
Y =& -14840 + 15.23X_1 - 2.3X_2 - 74.83X_3 + 7.07X_4 - 0.11X_5 \\
& + 0.0035X_6 + 0.00049X_7 + 5.81X_8 - 1.78X_9
\end{aligned}
$$

虽然模型整体通过显著性检验, 但不是所有回归系数通过检验, 这表明很可能存在多重共线性, 需要剔除某些变量.

(2) 模型再估计.

采用逐步回归的方法, 对模型进行再估计, 结果如表 7.14 所示.

从表 7.14 可知, 逐步回归后的各个回归系数均通过检验. 对模型进行拟合优度检验, 可以得到 $R^2 = 0.9998$, 说明模型对数据拟合程度较好. 对整个回归方程进行显著性检验, $F = 553.7$, 检验的 p 值为 7.482×10^{-7}, 说明回归方程是显著的. 因此, 可以建立如下的回归方程:

表 7.13 某机场旅客吞吐量影响因素

编号	年末总人数 (X_1) /万人	GDP(X_2)/亿元	第三产业占比 (X_3)/%	从业人数 (X_4) /万人	铁路客运量 (X_5) /万人	公路客运量 (X_6) /万人	入境旅游人数 (X_7) /万人	第三产业生产总值 (X_8)/亿元	社会消费品零售总额 (X_9)/亿元	年旅客吞吐量 (Y)/万人
1	1013.35	1312.99	45.7	554.26	2686	43481	259000	598	554.2	552
2	1019.9	1492.04	45.9	554.79	2623	49100	345588	682.19	627.5	624.47
3	1028.48	1663.22	46	562.26	2896	54990	401165	764.95	709.5	754.2
4	1044.31	1870.89	46.1	569.89	2601	25065	226846	858.55	771.5	819.67
5	1059.69	2185.73	45.5	579.3	3048	27446	408814	995.7	875.3	1168.56
6	1082.03	2370.76	49.8	619.04	7931	29339	500156	1181.05	1005.9	1389.9
7	1103.4	2750.48	48.9	640.14	8837	31305	579693	1343.72	1155.3	1628.023
8	1112.28	3324.35	47.7	687.13	10125	32177	785638	1584.9	1375.2	1857.428
9	1124.96	3900.98	46.5	704.49	10948	67142	500300	1814.17	1621.9	1724.681
10	1139.63	4502.6	49.6	729.5	11101	81853	588700	2233.04	2047.2	2263.776
11	1149.07	5551.33	50.2	752.78	12476	86037	731993	2785.34	2417.6	2580.582

表 7.14 逐步回归分析结果

系数	系数估计值	标准误差	t 值	p 值
常数	−9840	1350.12	−7.289	0.0008
X_1	10.01	1.373	7.286	0.0008
X_2	−0.6455	0.1779	−3.628	0.0151
X_5	−0.0438	0.0140	−3.126	0.0261
X_7	0.0007	0.0001	4.843	0.0047
X_8	1.631	0.3364	4.849	0.0047

$$Y = -9840 + 10.01X_1 - 0.6455X_2 - 0.0438X_5 + 0.0007X_7 + 1.631X_8$$

说明年末总人数 (X_1)、GDP (X_2)、铁路客运量 (X_5)、入境旅游人数 (X_7) 和第三产业生产总值 (X_8) 对年旅客吞吐量影响是显著的.

利用所得的多元线性回归模型预测该机场在过去 11 年的旅客吞吐量, 并求得预测值与实际值之间的误差, 如表 7.15 所示.

表 7.15 某机场年旅客吞吐量预测值与实际值对比

参数	1	2	3	4	5	6
实际吞吐量/万人	552	624.47	754.2	819.67	1168.56	1389.9
预测吞吐量/万人	487.98	639.67	777.61	843.37	1127.68	1385.21
相对误差/%	11.6	2.43	3.10	2.89	3.50	0.34
参数	7	8	9	10	11	
实际吞吐量/万人	1628.02	1857.42	1724.68	2263.78	2580.58	
预测吞吐量/万人	1636.14	1838.19	1727.63	2225.58	2585.93	
相对误差/%	0.50	1.04	0.17	1.69	0.21	

由表 7.15 可知, 用所建立的多元线性回归模型预测出的旅客吞吐量与实际旅客吞吐量的均相对误差仅为 2.49%, 精度较高, 适用于对该机场未来年旅客吞吐量的预测.

第 8 章　方差分析

在农业、商业、医学等诸多领域的数量分析研究中, 方差分析已经发挥了极为重要的作用. 方差分析从观测变量的方差入手, 主要研究诸多控制变量中对观测变量有显著影响的变量, 对观测变量中有显著影响的各个控制变量的不同水平及各水平的交互搭配是如何影响观测变量的. 根据控制变量的个数, 将方差分析可以分为单因素方差分析和多因素方差分析. 在本章中, 首先回顾方差分析的基本理论, 然后通过具体应用案例来说明方差分析在实际中的应用.

8.1　方差分析理论简介

8.1.1　单因素方差分析

单因素方差分析用于研究一个控制变量的不同水平是否对观测变量产生显著影响. 一般地, 设单因素 A 有 s 个水平 $A_1, A_2, \cdots, A_s$, 在水平 $A_i(i=1,2,\cdots,s)$ 下进行 n_i 次独立试验, 得到数学模型:

$$\begin{cases} x_{ij} = \mu_i + \varepsilon_{ij} \quad (j=1,2,\cdots,n; i=1,2,\cdots,s) \\ \varepsilon_{ij} \sim N(0,\sigma^2) \end{cases} \tag{8.1}$$

单因素方差分析的主要任务是检验 s 个总体的均值是否相等.

为了构造统计量, 首先需要定义以下三个平方和, 分别是组内离差平方和 $\mathrm{SS}_E = \sum_{i=1}^{s}\sum_{j=1}^{n_i}(x_{ij}-\bar{x}_i)^2$; 组间离差平方和 $\mathrm{SS}_A = \sum_{i=1}^{s} n_i(\bar{x}_i - \bar{x})^2$; 总平方和 $\mathrm{SS} = \sum_{i=1}^{s}\sum_{j=1}^{n_i}(x_{ij}-\bar{x})^2$. 并且, 三个平方和之间满足关系式 $\mathrm{SS} = \mathrm{SS}_E + \mathrm{SS}_A$.

定理 8.1　在单因素方差分析中, 考虑如下假设检验问题:

$$H_0: \mu_1 = \mu_2 = \cdots = \mu_s; H_1: \mu_i(i=1,2,\cdots,s)\text{不全相等},$$

在原假设下，构造的统计量为

$$F=\frac{\dfrac{\mathrm{SS}_A}{(s-1)}}{\dfrac{\mathrm{SS}_E}{(n-s)}}\sim F(s-1,n-s) \tag{8.2}$$

检验的拒绝域为 $W=\{F\geqslant F_\alpha(s-1,n-s)\}$, 检验的 p 值为 $p=P_{H_0}(F\geqslant f)$,f 为统计量 F 的计算值.

8.1.2 多因素方差分析

设因素 A 和因素 B 两个因素对试验结果有影响, 因素 A 有 s 个位级, 分别记为 $A_1,A_2,\cdots,A_s$, 因素 B 有 t 个位级, 分别记为 $B_1,B_2,\cdots,B_t$. 假设对每个组合安排 n 次独立重复试验, 实验数据为 $\{x_{ijk}\,|i=1,2,\cdots,s,j=1,2,\cdots,t,k=1,2,\cdots,n\}$, 可建立如下数学模型：

$$\begin{cases} x_{ijk}=\mu_{ij}+\varepsilon_{ijk}(i=1,2,\cdots,s;j=1,2,\cdots,t;k=1,2,\cdots,n) \\ \varepsilon_{ijk}\sim N(0,\sigma^2) \end{cases} \tag{8.3}$$

μ_{ij} 可分解为 $\mu_{ij}=\mu+a_i+b_j+\gamma_{ij}$, 其中 μ 为总平均, a_i,b_j,γ_{ij} 分别表示位级 A_i 和 B_j 的效应以及 A_i 与 B_j 的交互效应, 因此双因素方差分析模型可以写为

$$\begin{cases} x_{ijk}=\mu+a_i+b_j+\gamma_{ij}+\varepsilon_{ijk},\varepsilon_{ijk}\sim N(0,\sigma^2) \\ \sum\limits_{i=1}^{s}a_i=\sum\limits_{j=1}^{t}b_j=\sum\limits_{i=1}^{s}\gamma_{ij}=\sum\limits_{j=1}^{t}\gamma_{ij}=0 \end{cases} \tag{8.4}$$

与单因素方差分析类似, 有如下的平方和分解：

$$\mathrm{SS}=\mathrm{SS}_A+\mathrm{SS}_B+\mathrm{SS}_{AB}+\mathrm{SS}_E$$

其中, SS 表示总平方和：$\mathrm{SS}=\sum\limits_{ijk}(x_{ijk}-\bar{x})^2$; SS_A 表示 A 的效应平方和：$\mathrm{SS}_A=tn\sum\limits_{i}(\bar{x}_{i..}-\bar{x})^2$; SS_B 表示 B 的效应平方和：$\mathrm{SS}_B=sn\sum\limits_{j}(\bar{x}_{.j.}-\bar{x})^2$; SS_{AB} 表示 A 与 B 交互效应平方和：$\mathrm{SS}_{AB}=n\sum\limits_{ij}(\bar{x}_{ij.}-\bar{x}_{i..}-\bar{x}_{.j.}+\bar{x})^2$; SS_E 表示误差平方和：$\mathrm{SS}_E=\sum\limits_{ijk}(x_{ijk}-\bar{x}_{ij.})^2$.

定理 8.2 在多因素方差分析中, 需要检验以下三个假设：

$$H_{A0}:a_i\text{都等于}0;\ H_{A1}:a_i\text{不全为}0,i=1,2,\cdots,s;$$

$$H_{B0}: b_j\text{都等于}0;\ H_{B1}: b_j\text{不全为}0, j=1,2,\cdots,t;$$

$$H_{AB0}: \gamma_{ij}\text{都等于}0;\ H_{AB1}: \gamma_{ij}\text{不全为}0, i=1,2,\cdots,s, j=1,2,\cdots t;$$

在原假设下, 构造的检验统计量分别为

$$F_A = \frac{\dfrac{\mathrm{SS}_A}{(s-1)}}{\dfrac{\mathrm{SS}_E}{[st(n-1)]}} \sim F(s-1, st(n-1)) \tag{8.5}$$

$$F_B = \frac{\dfrac{\mathrm{SS}_B}{(t-1)}}{\dfrac{\mathrm{SS}_E}{[st(n-1)]}} \sim F(t-1, st(n-1)) \tag{8.6}$$

$$F_{AB} = \frac{\dfrac{\mathrm{SS}_{AB}}{(s-1)(t-1)}}{\dfrac{\mathrm{SS}_E}{[st(n-1)]}} \sim F((s-1)(t-1), st(n-1)) \tag{8.7}$$

拒绝域仍然取为右侧, 统计量的值越大越趋于拒绝原假设.

8.2　应用案例分析

8.2.1　治疗效果分析

例 8.1　某地用 A、B 和 C 三种方案治疗血红蛋白含量不满 10g 的婴幼儿贫血患者. 治疗一个月后, 记录下每名受试者血红蛋白的上升数据, 如表 8.1 所示. 问三种治疗方案对婴幼儿贫血的疗效是否相同.

表 8.1　血红蛋白上升数据　　(单位：g)

A 组		B 组		C 组	
1.8	1.4	5.0	2.0	2.1	−0.7
0.5	1.2	0.2	0.0	1.9	1.3
2.3	2.3	0.5	1.6	1.7	1.1
3.7	0.7	0.3	3.0	0.2	0.2
2.4	0.5	1.9	1.6	2.0	0.7
2.0	1.4	1.0	0.0	1.5	0.9
1.5	1.7	2.4	3.0	0.9	0.8
2.7	3.0	−0.4	0.7	1.1	−0.3
1.1	3.2	2.0	1.2	−0.2	0.7
0.9	2.5	1.6	0.7	1.3	1.4

解 经过计算, $\mathrm{SS}_E \approx 59.3755, \mathrm{SS}_A \approx 8.2930, \mathrm{SS} \approx 67.6685$, 可以得到如表 8.2 所示的方差分析表.

表 8.2 单因素方差分析表

项目	平方和	自由度	均方	F 值	p 值
因素	8.2930	2	4.1465	3.98	0.0241
误差	59.3755	57	1.0417		
总和	67.6685	59			

从表 8.2 中可以看出, 检验的 p 值小于检验水平 0.05, 故可认为三种治疗方案的治疗效果不一样.

注: 本案例基于在三种不同治疗方案条件下, 测试者血红蛋白的上升数据, 利用单因素方差分析方法, 研究了三种不同方案对婴幼儿贫血的疗效是否一致的问题. 这里默认观测数据服从常见的正态分布, 但如果数据不满足正态分布的假设, 还可以寻求非参数检验的方法进行进一步研究.

8.2.2 毕业生满意度调查分析

例 8.2 为了分析某高校不同专业的人才培养情况, 对近年的毕业生进行问卷调查. 调查的满意度是他们对自己毕业后的工作岗位、环境、收入及生活状况等指标的总平均. 满意度最高为 6 分, 最低为 1 分. 从数学、统计学、计算机、物理、化学专业收回的问卷中各随机抽取 15 个问卷, 用表 8.3 中的数据判断 5 个专业毕业生的满意度有无显著差异.

表 8.3 毕业生满意度问卷结果

专业	满意度/分														
数学	4.5	3.3	4.8	4.6	4.3	4.2	4.0	4.5	4.7	4.4	4.3	4.5	4.5	4.1	5.0
统计学	5.0	4.2	3.9	4.9	4.5	4.1	4.4	3.4	5.0	4.0	4.1	5.0	4.0	4.2	4.2
计算机	4.4	3.8	3.8	5.2	5.3	5.2	3.7	4.2	4.3	4.5	4.1	3.9	4.1	4.9	5.0
物理	4.3	4.8	4.2	5.3	5.0	3.8	4.1	5.1	4.6	4.6	3.5	4.5	4.7	4.1	3.9
化学	4.0	4.3	4.8	4.6	3.8	5.2	4.5	5.4	3.8	4.1	4.1	4.4	4.0	4.0	3.3

解 经过计算, $\mathrm{SS}_E \approx 17.6133, \mathrm{SS}_A \approx 0.2421, \mathrm{SS} \approx 17.8555$, 可以得到如表 8.4 所示的的方差分析表.

由于 $F_{0.05}(4,70) = 5.68$, 而计算所得的 $F = 0.2406$, 小于临界值, 故不能拒绝原假设, 不能认为不同专业的毕业生对自己的工作和生活现状的满意度有显著差异.

表 8.4　单因素方差分析表

项目	平方和	自由度	均方	F 值
因素	0.2421	4	0.0605	0.2406
误差	17.6133	70	0.2516	
总和	17.8555	74		

注: 本案例仅考虑了毕业生满意度与所学专业这个因素的关系, 更进一步, 还可以对不同专业、不同学历 (如学士、硕士、博士) 毕业生进行满意度调查, 从专业和学历两个层面对满意度进行进一步分析.

8.2.3　混凝沉淀实验水处理

例 8.3　为治理环境, 节约水资源, 对某种污水进行回收重复使用前安排混凝沉淀实验, 研究药剂种类和反应时间对评价指标出水 COD(chemical oxygen demand, 化学需氧量) 的影响. 药剂种类取 3 个水平, 反应时间取 3 个水平, 对两因素的各个水平做实验, 组成 9 个实验, 得到的出水 COD 数据如表 8.5 所示, 其中 A 表示药剂, A_1 为 $FeCl_3$, A_2 为 $Al_2(SO_4)_3$, A_3 为 $FeSO_4$; B 代表反应时间, 其中 B_1 为 3min, B_2 为 5min, B_3 为 1min. 取显著性水平 $\alpha = 0.05$, 试根据上述数据, 运用双因素无重复实验的方差分析法, 分析药剂种类和反应时间对出水 COD 影响的显著性.

表 8.5　出水 COD 数据

药剂种类	COD/(mg/L)		
	B_1	B_2	B_3
A_1	37.8	43.1	36.4
A_2	15.3	17.4	21.6
A_3	35.7	28.4	31.6

解　经过计算, 可以得到如表 8.6 所示的方差分析表.

表 8.6　方差分析表

来源	平方和	自由度	均方	F 值
药剂种类	683.28	2	341.64	18.93
反应时间	0.13	2	0.065	0.0036
剩余误差	72.21	4	18.0525	
总计	755.62	8		

查 F 分布表可得 $F_{0.05}(2,4) = 6.94$, 由于 $F_A = 18.93 > F_{0.05}(2,4)$, 故认为因素 A 对实验结果有高度显著性影响, 即药剂种类对出水 COD 有显著影响. 而 $F_B = 0.0036 < F_{0.05}(2,4)$, 故认为因素 B 对实验结果的影响不显著, 即反应时间对出水 COD 的影响不显著.

注：本案例运用双因素无重复实验的方差分析法对某组混凝沉淀实验数据进行了实例分析, 结果表明药剂种类对出水 COD 有高度显著性影响, 而反应时间对出水 COD 的影响不显著. 更进一步, 还应该分析两种因素的交互作用是否对出水 COD 有显著影响.

8.2.4 二手手机价格对比分析

例 8.4 本案例研究影响二手手机的价格因素, 研究的数据取自 2019 年 1 月初至 3 月中旬共计 11 周的某回收官网对某型号不同网络制式二手手机的市场报价, 详见表 8.7. 根据表中数据分析：网络制式和报价日期是否对二手手机的市场报价有显著影响?

表 8.7 不同网络制式二手手机 11 周市场报价 (单位：元)

时间	电信版	联通版	全网版	移动版
第 1 周	1215	1385	1550	1300
第 2 周	1215	1385	1550	1300
第 3 周	1260	1345	1590	1345
第 4 周	1260	1345	1590	1345
第 5 周	1260	1345	1570	1345
第 6 周	1530	1615	1860	1615
第 7 周	1260	1345	1590	1345
第 8 周	1385	1465	1710	1465
第 9 周	1385	1465	1710	1465
第 10 周	1245	1325	1570	1325
第 11 周	1080	1165	1410	1165

解 经过计算, 可以得到 $\mathrm{SS} \approx 1177779$, $\mathrm{SS}_A \approx 519073$, $\mathrm{SS}_B \approx 649861$, $\mathrm{SS}_E \approx 8845$, 从而得到如表 8.8 所示的方差分析表. 从表 8.8 中可知, 日期和网络制式这两个影响因素的 p 值均小于 0.05, 表明网络制式和报价日期对二手手机的市场报价均有显著影响.

注：本案例仅选取不同网络制式和不同报价日期两个因素进行研究, 表明网络

制式和报价日期对二手手机的市场报价有显著影响. 进一步, 还可以拓展到分析不同颜色、不同存储容量、运行内存等因素是否存在差异.

表 8.8 方差分析表

来源	平方和	自由度	均方	F 值	p 值
日期	519073	10	51907	176	<2e-16
网络制式	649861	3	734.7	734.7	<2e-16
剩余误差	8845	30	295		
总计	1177779	43			

8.2.5 人力资源考评

例 8.5 假设在某次高级管理人员的招聘中, 对 $A_1, A_2, A_3, A_4, A_5, A_6$ 总共 6 位候选人进行讲演 (B_1)、情景模拟考试 (B_2)、专业考核 (B_3) 总共 3 类考评. 由 5 位相关专家组成的考评小组给出了分数值 (以 10 分为限), 具体数据见表 8.9. 试根据以下数据, 分析评价结果是否有效.

表 8.9 考评小组打分结果 (单位: 分)

A	B		
	B_1	B_2	B_3
A_1	7, 8, 9, 6, 7	9, 7, 8, 7, 6	8, 9, 8, 7, 8
A_2	6, 7, 6, 8, 7	8, 8, 7, 7, 6	8, 6, 8, 7, 8
A_3	5, 7, 6, 8, 7	8, 7, 6, 7, 8	7, 7, 6, 7, 7
A_4	8, 8, 7, 9, 6	8, 9, 7, 8, 8	9, 7, 8, 7, 8
A_5	8, 9, 6, 9, 7	6, 7, 8, 6, 7	8, 9, 7, 8, 6
A_6	7, 9, 8, 7, 8	8, 8, 7, 6, 9	9, 9, 8, 7, 6

解 经过计算得到各种波动的平方和分别为 $\mathrm{SS} \approx 85.956, \mathrm{SS}_A \approx 9.956, \mathrm{SS}_B \approx 0.956, \mathrm{SS}_{AB} \approx 5.444, \mathrm{SS}_E \approx 69.6$, 各自的自由度分别为 89, 5, 2, 10, 72.

经过计算, $F_A = 2.05979, F_B = 0.49447, F_{AB} = 0.56315$ 查 F 分布表可得 $F_{0.05}(5,72) = 2.346, F_{0.05}(2,72) = 2.862, F_{0.05}(10,72) = 1.966$, 通过上述方差分析可知, 各因素、各水平及其各组合之间均不存在显著性差异. 可以有理由怀疑评委评分的误差太大, 此次考评结果的可信度不高.

注: 通过方差分析, 可以更有效地评估考评结果, 更加恰当地选择考评类型, 从而确保人力资源管理考评系统的有效、公正、公平运行, 最终达到使员工的绩效长期维持在一个较高的水平, 为实现组织目标而努力工作的目的. 该方法还可以应用

到其他测评系统中.

8.2.6 跳水运动员成绩管理

例 8.6 某次单人三米板比赛采取 7 人制打分, 现在有 6 名运动员, 共进行了 5 次规定动作跳水, 分别是一次向前跳水、一次向后跳水、一次反身跳水、一次向内跳水和一次向前跳水转身半周, 比赛成绩如表 8.10 所示. 试根据比赛成绩分析运动员、规定动作、裁判员认可运动员规定动作的完成程度对比赛成绩的影响.

表 8.10 比赛成绩数据 (单位: 分)

运动员编号	向前跳水	向后跳水	反身跳水
1	(7,8,9,9,7,8.5,7.5)	(9,7,8,7,9,7.5,8.5)	(8,9,8,7,8,8.5,7.5)
2	(6,7,6,6,7,6.5,7.5)	(8,6,7,7,6,6.5,6.5)	(6,6,8,7,8,6.5,6.5)
3	(5,7,6,6,7,7.5,8.5)	(6,7,6,7,8,7.5,6.5)	(7,7,6,7,7,6.5,7.5)
4	(8,8,7,9,6,6.5,7.5)	(8,9,7,8,8,6.5,7.5)	(9,7,8,7,8,7.5,8.5)
5	(8,9,6,9,8.5,7.5,8.5)	(6,7,8,8.5,7,6.5,7.5)	(8,9,7,8,8.5,8.5,7.5)
6	(8,9,8,7,8,8.5,7.5)	(8,8,7,8,9,8.5,7.5)	(9,9,8,7,8,6.5,8.5)
运动员编号	**向内跳水**	**向前跳水转身半周**	
1	(6,9,8,8.5,7,7.5,7.5)	(8,8,7.5,7.5,8.5,8,7.5)	
2	(7,7,6,8,7.5,6,6.5)	(7,6,6,7.5,6,6.5,6.5)	
3	(6.5,6.5,6,7,6,7,7.5)	(7,7,7.5,7,6.5,7,6.5)	
4	(9,8.5,8,8,7,7.5,7)	(8,8,7.5,7.5,7,8.5,8)	
5	(8.5,8.5,8,7,9,8,7.5)	(9,8,7,7,8.5,7.5,8)	
6	(8,8,7,7,6,6.5,7.5)	(7,7,7.5,7.5,8,9,8)	

解 经计算可得 $\text{SS} \approx 166.02$, $\text{SS}_A \approx 55.7$, $\text{SS}_B \approx 1.33$, $\text{SS}_{AB} \approx 10.09$, $\text{SS}_E \approx 98.9$, 从而得到如表 8.11 所示的方差分析表.

表 8.11 方差分析表

来源	平方和	自由度	均方	F 值	p 值
运动员	55.7	5	11.1	20.26	5.19×10^{-16}
规定动作	1.33	4	0.33	0.606	0.6584
裁判员认可运动员规定动作的完成程度	10.09	20	0.504	0.92	0.5644
剩余误差	98.9	180	0.549		
总计	166.02	209			

由表 8.11 结果可知, 用于检验运动员的 $p = 5.19 \times 10^{-16} < 0.05$, 表明不同跳水运动员的完成动作水平之间有显著差异; 而规定动作的 $p = 0.6584 > 0.05$, 表明

不同规定动作水平之间对比赛成绩没有显著差异, 因为一个好的运动员应该能够出色地完成所有的规定动作; 用于检验交互作用, 即裁判员认可运动员规定动作的完成程度的 $p = 0.5644 > 0.05$, 表明裁判员认可运动员规定动作的完成程度对比赛结果没有显著影响.

综上所述, 对于本案例, 该评分结果表现出对跳水运动员动作的差异, 但没有表现出规定动作之间的差异, 也没有表现出裁判员对运动员的主观偏好, 因此此评分结果为最佳, 裁判员的评分结果可靠.

通过对有交互作用的双因素方差分析, 可以评估运动员水平、规定动作设置是否合理和裁判员的裁判水平, 从而确保跳水比赛公平、公正的进行, 最终使运动员的动作规范在一个较高的水平. 此种评价方法对于艺术体操、花样滑冰、蹦床、健美操等比赛项目也同样适用.

8.2.7 广告宣传策略比较

例 8.7 某企业在制定某商品的广告策略时, 对不同广告形式在不同地区的广告效果 (销售额) 进行了评估. 以商品销售额为观测变量, 分别以广告形式和地区为控制变量, 利用方差分析方法进行广告形式、地区对销售额的影响进行分析. 广告形式有报纸、广播、体验、宣传品四种类型, 选取 18 个地区的 144 条销售记录数据, 具体数据见表 8.12, 其中在广告形式中, 1 代表报纸, 2 代表广播, 3 代表体验, 4 代表宣传品. 根据表中数据分析, 不同广告形式和不同地区是否对销售额有显著影响.

解 首先进行单因素方差分析, 令假设分别为: 不同广告形式没有对销售额产生显著影响, 即不同广告形式对销售额的效应同时为 0; 不同地区的销售额没有显著差异, 即不同地区对销售额的效应同时为 0.

应用统计软件, 可以得到如表 8.13 和表 8.14 所示的两个单因素方差分析表.

从表 8.13 中可以看出 F 统计量的观测值为 13.483, 对应的概率 p 值近似为 0, 应拒绝原假设, 认为不同广告形式对销售产生了显著影响, 它对销售额的影响效力不全为 0.

从表 8.14 中可以看出, F 统计量的观测值为 4.062, 对应的概率 p 值近似为 0, 应拒绝原假设, 认为不同地区对销售额产生了显著影响, 地区对销售额的影响效力不全为 0. 再把表 8.13 和表 8.14 中的 F 值对比可以发现, 相较于地区, 广告形式对销售额影响有更明显作用.

表 8.12 广告形式与销售额

广告形式	地区	销售额	广告形式	地区	销售额	广告形式	地区	销售额	广告形式	地区	销售额
1	1	75	1	10	94	1	1	68	1	10	88
2	1	69	2	10	100	2	1	54	2	10	70
3	1	63	3	10	64	3	1	58	3	10	76
4	1	52	4	10	61	4	1	41	4	10	69
1	2	57	1	11	54	1	2	75	1	11	56
2	2	51	2	11	61	2	2	78	2	11	53
3	2	67	3	11	40	3	2	82	3	11	70
4	2	61	4	11	70	4	2	44	4	11	43
1	3	76	1	12	68	1	3	83	1	12	86
2	3	100	2	12	67	2	3	79	2	12	73
3	3	85	3	12	66	3	3	78	3	12	77
4	3	61	4	12	87	4	3	86	4	12	51
1	4	77	1	13	68	1	4	66	1	13	84
2	4	90	2	13	51	2	4	83	2	13	79
3	4	80	3	13	41	3	4	87	3	13	42
4	4	76	4	13	65	4	4	75	4	13	60
1	5	75	1	14	65	1	5	66	1	14	77
2	5	77	2	14	63	2	5	74	2	14	66
3	5	87	3	14	61	3	5	70	3	14	71
4	5	57	4	14	58	4	5	75	4	14	52
1	6	72	1	15	65	1	6	76	1	15	78
2	6	60	2	15	83	2	6	69	2	15	65
3	6	62	3	15	75	3	6	77	3	15	65
4	6	52	4	15	50	4	6	63	4	15	55
1	7	76	1	16	79	1	7	70	1	16	80
2	7	33	2	16	76	2	7	68	2	16	81
3	7	70	3	16	64	3	7	68	3	16	78
4	7	33	4	16	44	4	7	52	4	16	52
1	8	81	1	17	62	1	8	86	1	17	62
2	8	79	2	17	73	2	8	75	2	17	57
3	8	75	3	17	50	3	8	61	3	17	37
4	8	69	4	17	45	4	8	61	4	17	45
1	9	63	1	18	75	1	9	62	1	18	70
2	9	73	2	18	74	2	9	65	2	18	65
3	9	40	3	18	62	3	9	55	3	18	83
4	9	60	4	18	58	4	9	43	4	18	60

仍然用该组数据, 通过多因素方差分析方法对广告形式、地区、广告形式和地区的交互作用给销售额带来的影响进行分析, 进而为制订广告和地区的最优组合提供依据. 以广告形式和地区为控制变量, 销售额为观测变量, 建立固定效应的饱和模型. 其中原假设为: 不同广告形式没有对销售额产生影响; 不同地区的销售额没有显著差异; 广告形式和地区对销售额没有产生显著影响. 应用统计软件, 计算可得到如表 8.15 所示的方差分析表.

表 8.13　广告形式对销售额的单因素方差分析表

项目	平方和	自由度	均方	F 值	p 值
组间	5866.083	3	1955.361	13.483	0.000
组内	20303.220	140	145.023		
总数	26169.303	143			

表 8.14　地区对销售额的单因素方差分析表

项目	平方和	自由度	均方	F 值	p 值
组间	9265.306	17	545.018	4.062	0.000
组内	16904.000	126	134.159		
总数	26169.306	143			

表 8.15　销售额多因素方差分析表

参数	平方和	自由度	均方	F 值	p 值
x_1	5866.083	3	1955.361	23.175	0.000
x_2	9265.306	17	545.018	6.459	0.000
x_1x_2	4962.917	51	97.312	1.153	0.286
误差	6075	72	84.375		
总计	20169.306	143			

在表 8.15 中, x_1 和 x_2 分别代表广告形式和销售地区. 从表中可以看出, 由于参数 x_1 和 x_2 对应的概率 p 值小于检验水平, 则应拒绝原假设, 可以认为不同广告形式、不同地区的销售额总体存在显著差异, 对销售额的效应不同时为 0, 各自不同的销售水平给销售额带来了显著影响. 该结果与单因素方差分析是一致的. 同时, 由于交互效应的概率 p 值大于显著性水平, 因此不能拒绝原假设, 可以认为不同广告形式和地区没有对销售额产生显著影响, 不同地区采取哪种形式的广告对销售额都将不产生显著影响.

参考文献

蔡时连. 2010. 一元线性回归分析模型在期刊订购预测中的应用 [J]. 图书情报工作, 2: 126-129.

陈希孺. 2000. 概率论与数理统计 [M]. 北京: 科学出版社.

戴金辉. 2016. 方差分析在跳水运动成绩管理中的应用 [J]. 统计与决策, 22: 80-82.

邓成竹. 2017. 基于一元线性回归模型的航班业载与油量关系研究 [J]. 民航学报, 1(1): 13-15.

邓永录. 2005. 应用概率及其理论基础 [M]. 北京: 清华大学出版社.

韩之俊, 蔡小军. 2003. 方差分析在人力资源考评中的应用 [J]. 南京理工大学学报, 27(5): 541-545.

韩中庚. 2005. 数学建模方法及其应用 [M]. 北京: 高等教育出版社.

何风华, 高峰. 2005. 二项分布在遗传学概率计算中的应用 [J]. 生物学通报, 40(7):6-7.

何书元. 2015. 数理统计 [M]. 北京: 高等教育出版社.

何晓群. 2006. 关于 6 Sigma 与 3 Sigma 的比较 [J]. 数理统计与管理, 25(2): 175-176.

何英凯. 2007. 大数定律与保险财政稳定性研究 [J]. 税务与经济, (4): 65-67.

胡良平. 1986. 统计图中几个值得商榷的问题 [J]. 中国卫生统计, 3(4): 47-48.

黄邦菊, 林俊松, 郑潇雨, 等. 2013. 基于多元线性回归分析的民用运输机场旅客吞吐量预测 [J]. 数学的实践与认识, 43(4): 172-178.

黄玉洁, 陶凤梅, 刘娅. 2011. 极大似然估计及其应用 [J]. 鞍山师范学院学报, 13(4): 1-6.

姜颖, 王晓锋. 2012. 以概率论的视角理性看待社会热点 [J]. 沈阳师范大学学报 (自然科学版), 30(1): 27-31.

金明. 2014. 概率论与数理统计实用案例分析 [M]. 北京: 中国统计出版社.

李丁群. 2017. "划拳" 中的概率问题纠错 [J]. 数学通报, 56(4): 25-26, 31.

李洪毅, 欧祖军. 2015. 泊松分布的案例教学 [J]. 兰州文理学院学报 (自然科学版), 29(4): 100-102.

李军. 2007. 概率方法在极限中的应用 [J]. 湘南学院学报, 28(5): 24-25, 31.

李素英. 2015. 运用条件概率处理生活中的实际问题 [J]. 教育教学论坛, (41): 180-181.

李贤平. 2002. 概率论与数理统计 [M]. 上海: 复旦大学出版社.

李言, 袁书娟, 姜君娜. 2016. 大数定律在广告中的应用 [J]. 数学学习与研究, 23: 159.

李一波, 张森悦. 2005. 试题库试题难度系数自适应学习整定 [J]. 计算机工程, 31(12): 181-182.

廖飞, 李楠. 2007. 数学期望的应用 [J]. 牡丹江师范学院学报 (自然科学版), 60(4): 63-64.

刘希军, 何率天. 2013. 古典概型在试题库随机组卷中的应用 [J]. 高等数学研究, 16(2): 20-21.

陆晓恒. 2003. 概率方法在数学证明问题中的应用 [J]. 高等数学研究, 6(3): 43-44.

罗爱华. 2010. 假设检验在生产中的应用 [J]. 林业机械与木工设备, 38(4): 58-59.

马新民. 2007. 概率论与数理统计 [M]. 北京: 机械工业出版社.

梅长林, 王宁, 周家良. 2001. 概率论和数理统计——学习与提高 [M]. 西安: 西安交通大学出版社.

潘茂桂, 撒晓婴. 1993. 用概率的方法证明组合恒等式 [J]. 西南民族大学学报 (自然科学版), 19(4): 436-440.

秦新强, 郭文艳, 徐小平, 等. 2015. 数学建模 [M]. 北京: 科学出版社.

阮晓青, 周义仓. 2005. 数学建模引论 [M]. 北京: 高等教育出版社.
邵波. 2016. 假设检验在药品生产过程中的运用 [J]. 医药前沿, 6(32): 9-12.
石国. 2017. 基于双因素方差分析的二手手机价格对比分析 [J]. 统计与管理, 27(4): 89-91.
孙建英. 2014. 数学期望在数学建模中的应用 [J]. 长春大学学报, 24(2): 180-181.
孙捷音. 2017. 假设检验在审计抽样工作中的应用 [J]. 时代金融, 23: 15-16.
王东红. 2005. 大数定律和中心极限定理在保险业中的重要应用 [J]. 数学的实践与应用, 35(10): 128-133.
王峰, 徐小平. 2017. 浅谈高校概率统计课堂教学实践 [J]. 教育教学论坛, 22: 143-144.
王俊红, 张惠源. 2009. “免费抽奖” 真的免费吗? —— 某个抽奖活动中的概率统计问题 [J]. 数学的实践与认识, 39(2): 199-200.
王晓翊. 2012. 概率方法证明组合恒等式 [J]. 佳木斯教育学院学报, (3): 108, 110.
王雅静. 2012. 假设检验在质量管理中的应用 [J]. 企业研究, 10: 192-193.
王炜, 刘震华. 1987. 地震时间间隔的统计分布及其地震危险度 D 值在华北大震前的异常变化 [J]. 地震学报, 2: 3-17.
吴江. 2006. 6 西格玛管理 [J]. 中国电力企业管理, (9): 99, 100.
胥爱霞. 2005. 数学期望在物流管理中的应用 [J]. 物流科技, 5: 118-120.
徐文祥, 韦俊, 葛玉凤, 等. 2014. 概率统计模型在保险业中的应用研究 [J]. 科技资讯, (28): 237-238.
薛薇. 2009. SPSS 统计分析方法及应用 [M]. 北京: 电子工业出版社.
杨镜华. 2000. 高额奖金后面有陷阱 [J]. 数理统计与管理, 19(3): 59-61.
杨丽, 付伟. 2019. 基于多元线性回归的云南省经济发展影响因素分析 [J]. 山西农经, 4: 9-11.
杨振明. 1999. 概率论 [M]. 北京: 科学出版社.
叶亮. 2015. 概率论的应用举例 [J]. 读与写, 12: 239.
岳金健. 2007. 利用大数定律和中心极限定理求解极限 [J]. 龙岩学院学报, 25(3): 95-97.
张爱芹. 2004. 概率知识在医学中的应用举例 [J]. 数学通讯, (21): 19-20.
张福旺, 苑会娟. 2018. 基于多元线性回归的空腹血糖影响因素分析方法 [J]. 计算机科学, 45(11): 545-547.
张光春, 宿莉. 2005. 假设检验问题分析 [J]. 重庆科技学院学报 (自然科学版), 7(4): 88-90.
张少华. 2011. 数学期望在农业生产中的应用 [J]. 安徽农业科学, 39(16): 9480.
张忠诚. 2006. 参数极大似然估计的几点注记 [J]. 高等继续教育学报, 20(2): 22-23.
赵瑛. 2009. 关于泊松分布及其应用 [J]. 辽宁省交通高等专科学校学报, 11(2): 77-38.
周华任, 刘守生. 2016. 概率论与数理统计应用案例评析 [M]. 南京: 东南大学出版社.
周莉荔, 朱美玲. 2001. 参数区间估计和样本容量确定在市场调查中的应用 [J]. 新疆农业大学学报, 24(4): 65-69.
周楠. 2013. 基于多元线性回归模型预测分析的实例研究 [J]. 企业导报, 9: 153-154.
周绍伟, 刘洪霞. 2016. 概率论方法在高等数学解题中的应用 [J]. 河南教育学院学报 (自然科学版), 24(2): 60-62.
周义仓, 赫孝良. 1999. 数学建模实验 [M]. 西安: 西安交通大学出版社.